吉林省矿产资源潜力评价系列成果，
是所有在白山松水间
辛勤耕耘的几代地质工作者
集体智慧的结晶。

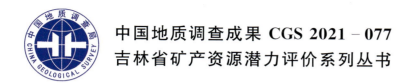

中国地质调查成果 CGS 2021-077
吉林省矿产资源潜力评价系列丛书

吉林省稀土矿矿产资源潜力评价

JILIN SHENG XITUKUANG KUANGCHAN ZIYUAN QIANLI PINGJIA

薛昊日 松权衡 王福亮 张廷秀 等编著

中国地质大学出版社
ZHONGGUO DIZHI DAXUE CHUBANSHE

图书在版编目(CIP)数据

吉林省稀土矿矿产资源潜力评价/薛昊日等编著. —武汉:中国地质大学出版社,2021.12
ISBN 978-7-5625-5175-1
(吉林省矿产资源潜力评价系列丛书)

Ⅰ.①吉…
Ⅱ.①薛…
Ⅲ.①稀土矿物-资源潜力-资源评价-吉林
Ⅳ.①P618.706.234

中国版本图书馆 CIP 数据核字(2021)第 249617 号

吉林省稀土矿矿产资源潜力评价	薛昊日　松权衡　王福亮　张廷秀	**等编著**
责任编辑:韦有福　谢媛华　　　选题策划:毕克成　段勇　张旭		责任校对:徐蕾蕾
出版发行:中国地质大学出版社(武汉市洪山区鲁磨路 388 号)		邮编:430074
电　　话:(027)67883511　　　　传　　真:(027)67883580		E-mail:cbb@cug.edu.cn
经　　销:全国新华书店		http://cugp.cug.edu.cn
开本:880 毫米×1 230 毫米　1/16	字数:151 千字	印张:4.75
版次:2021 年 12 月第 1 版		印次:2021 年 12 月第 1 次印刷
印刷:武汉中远印务有限公司		
ISBN 978-7-5625-5175-1		定价:128.00 元

如有印装质量问题请与印刷厂联系调换

吉林省矿产资源潜力评价系列丛书编委会

主　任：林绍宇
副主任：李国栋
主　编：松权衡
委　员：赵　志　赵　明　松权衡　邵建波　王永胜
　　　　于　城　周晓东　吴克平　刘颖鑫　闫喜海

《吉林省稀土矿矿产资源潜力评价》

编著者：薛昊日　松权衡　王福亮　张廷秀
　　　　张红红　李　楠　于　城　王　信
　　　　杨复顶　王立民　庄毓敏　李任时
　　　　徐　曼　张　敏　苑德生　李春霞
　　　　袁　平　任　光　王晓志　曲红晔
　　　　宋小磊　李　斌

前　言

"吉林省矿产资源潜力评价"为原国土资源部（现为自然资源部）中国地质调查局部署实施的"全国矿产资源潜力评价"省级工作项目，主要目标是在现有地质工作程度的基础上，充分利用吉林省基础地质调查与矿产勘查工作的成果和资料，应用现代矿产资源评价理论方法和 GIS 评价技术，开展全省重要矿资源潜力评价，基本摸清全省矿资源潜力及其空间分布，开展了对吉林省成矿地质背景、成矿规律、重力、磁测、化探、遥感、自然重砂等工作的研究，编制了各项工作的基础和成果图件，建立了与吉林省重要矿产资源潜力评价相关的重力、磁测、化探、遥感、自然重砂的空间数据库。

《吉林省稀土矿矿产资源潜力评价》是"吉林省矿产资源潜力评价"项目的工作内容之一，提交了《吉林省稀土矿矿产资源潜力评价成果报告》及相应图件，系统地总结了吉林省稀土矿的勘查研究历史、存在的问题及资源分布特征，划分了矿床成因类型，研究了成矿地质条件及控矿因素。本书以安图东清稀土矿作为典型矿床研究对象，从吉林省大地构造演化与稀土矿时空的关系、区域控矿因素、区域成矿特征、矿床成矿系列、区域成矿规律，以及物探、化探、遥感信息特征等方面总结了预测工作区及全省稀土矿成矿规律，预测了吉林省稀土矿的资源量，评价了重要找矿远景区的地质特征与资源潜力。

在稀土矿矿产资源潜力评价过程中，以及在本书编写的过程中，收到很多专家提出的宝贵意见，并且书中参考和引用了大量前人的勘查和研究成果，应是本区地质工作者集体劳动智慧的总结，在此，对做出贡献的地质勘查工作者、科研工作者以及提出宝贵意见的专家表示诚挚的感谢！

编著者

2021 年 11 月

目 录

第一章 概 述 ·· (1)

第二章 以往工作程度 ··· (3)

    第一节 区域地质调查及研究 ··· (3)

    第二节 重力、磁测、化探、遥感、自然重砂调查及研究 ······································ (5)

    第三节 矿产勘查及成矿规律研究 ·· (9)

    第四节 地质基础数据库现状 ·· (9)

第三章 地质矿产概况 ··· (12)

    第一节 成矿地质背景 ·· (12)

    第二节 区域矿产特征 ·· (12)

    第三节 区域地球物理、地球化学、遥感、自然重砂特征 ·································· (13)

第四章 预测评价技术思路 ·· (28)

第五章 成矿地质背景研究 ·· (30)

    第一节 技术流程 ·· (30)

    第二节 建造构造特征 ·· (30)

第六章 典型矿床与区域成矿规律研究 ··· (32)

    第一节 技术流程 ·· (32)

    第二节 典型矿床地质特征 ··· (33)

    第三节 预测工作区成矿规律研究 ··· (42)

第七章 重力、磁测、物探、化探、遥感、自然重砂调查应用 ····································· (46)

    第一节 重 力 ·· (46)

    第二节 磁 测 ·· (47)

    第三节 化 探 ·· (49)

    第四节 遥 感 ·· (50)

    第五节 自然重砂 ·· (52)

第八章 矿产预测 ··· (54)

    第一节 矿产预测方法类型及预测模型区选择 ··· (54)

    第二节 矿产预测模型与预测要素图编制 ··· (54)

第三节　预测工作区圈定 …………………………………………………………………（59）

　　第四节　预测工作区优选 …………………………………………………………………（60）

　　第五节　资源量定量估算 …………………………………………………………………（60）

　　第六节　预测区地质评价 …………………………………………………………………（62）

第九章　单矿种(组)成矿规律总结 ………………………………………………………………（63）

　　第一节　成矿区(带)划分 …………………………………………………………………（63）

　　第二节　示范区矿床成矿系列(亚系列)和区域成矿谱系 ………………………………（63）

　　第三节　区域成矿规律图编制 ……………………………………………………………（64）

第十章　结　论 ……………………………………………………………………………………（65）

主要参考文献 ………………………………………………………………………………………（67）

第一章 概 述

《吉林省稀土矿矿产资源潜力评价》是吉林省矿产资源潜力评价的重要矿种潜力评价项目工作之一,也是在现有地质工作程度的基础上,充分利用吉林省基础地质调查与矿产勘查工作成果和资料,应用现代矿产资源评价理论方法和GIS评价技术。一是开展吉林省稀土矿资源潜力评价,基本摸清稀土矿资源潜力及其空间分布;二是开展吉林省与稀土矿有关的成矿地质背景、成矿规律、化探、遥感、自然重砂、矿产预测等工作的研究,编制各项工作的基础和成果图件,建立吉林省矿产资源潜力评价相关的重力、磁测、化探、遥感、自然重砂空间数据库;三是培养一批综合型地质矿产人才。

完成的主要任务是,按照大陆动力地学理论和大地构造相工作方法,依据技术要求的内容、方法和程序,对吉林省已有的区域地质调查和专题研究等资料包括沉积岩、火山岩、侵入岩、变质岩、大型变形构造等各个方面进行了系统的整理归纳。以 1∶25 万实际材料图为基础,编制吉林省沉积(盆地)建造构造图、火山岩相构造图、侵入岩浆构造图、变质岩建造构造图以及大型变形构造图,从而完成吉林省大地构造相图编制工作;在初步分析成矿大地构造环境的基础上,按矿产预测类型的控制因素以及分布,分析成矿地质构造条件,为矿产资源潜力评价提供成矿地质背景和地质构造预测要素信息,也为吉林省重要矿产资源评价项目提供区域性和评价区基础地质资料,从而完成吉林省成矿地质背景课题研究工作。

在现有地质工作程度的基础上,全面总结吉林省基础地质调查、矿产勘查工作成果和资料,充分应用现代矿产资源预测评价的理论方法和GIS评价技术,开展稀土矿资源潜力预测评价,基本摸清吉林省稀土矿资源潜力及其空间分布。本书重点研究吉林省稀土典型矿床,提取典型矿床的成矿要素,建立典型矿床的成矿模式;研究典型矿床区域内重力、磁测、化探、遥感、自然重砂等综合成矿信息,提取典型矿床的预测要素,建立典型矿床的预测模型;在典型矿床研究的基础上,结合重力、磁测、化探、遥感和自然重砂等综合成矿信息确定稀土矿的区域成矿要素和预测要素,建立区域成矿模式和预测模型。深入开展全省范围内的稀土矿区域成矿规律研究,建立稀土矿成矿谱系,编制稀土矿成矿规律图;按照全国统一划分的成矿区(带),充分利用重力、磁测、化探、遥感和自然重砂等综合成矿信息,圈定成矿远景区和找矿靶区,逐个评价Ⅴ级成矿远景区资源潜力,并进行分类排序;编制稀土矿成矿规律与预测图。以地表至 40m 以浅为主要预测评价范围,进行稀土矿资源量估算;汇总吉林省稀土矿预测总量,编制单矿种预测图、勘查工作部署建议图、未来开发基地预测图。

本书以成矿地质理论为指导,对吉林省区域成矿地质构造环境及成矿规律进行研究,建立矿床成矿模式,为区域成矿模式提供信息,也为圈定成矿远景区和找矿靶区,评价成矿远景区资源潜力,编制成矿区(带)成矿规律与预测图提供重力、磁测、化探、遥感、自然重砂等方面的依据;建立并不断完善与矿产资源潜力评价相关的重力、磁测、化探、遥感、自然重砂数据库,实现省级资源潜力预测评价综合信息集成空间数据库,为今后开展矿产勘查的规划部署奠定扎实基础。

对 1∶50 万地质图数据库,1∶20 万数字地质图空间数据库、吉林省矿产地数据库,1∶20 万区域重力数据库、航磁数据库,1∶20 万化探数据库、自然重砂数据库、吉林省工作程度数据库、典型矿床数据库进行全面系统维护,为吉林省重要矿产资源潜力评价提供基础信息数据;运用GIS技术服务于矿产资源潜力评价工作的全过程(解释、预测、评价和最终成果的表达),资源潜力评价过程中针对各专题进行信息集成工作,建立吉林省重要矿产资源潜力评价信息数据库。

本次工作取得的主要成果有:

(1)系统地总结了吉林省稀土矿勘查研究历史及存在的问题、资源分布;划分了稀土矿床类型;研究了稀土成矿地质条件及控矿因素。

(2)从空间分布、成矿时代、大地构造位置、赋矿层位、成矿作用及演化、矿体特征、控矿条件等方面总结了预测区及典型矿床成矿规律。

(3)建立了稀土矿典型矿床成矿模式和预测模型。

(4)确立了预测工作区的成矿要素和预测要素,建立了预测工作区的成矿模式和预测模型。

(5)研究了吉林省稀土矿勘查工作部署,对未来矿产开发基地进行了预测。

(6)用地质体积法预测了吉林省稀土矿资源量。

第二章 以往工作程度

第一节 区域地质调查及研究

20世纪60年代完成吉林省1∶100万地质调查编图;自国土资源大调查以来,完成了1∶25万区域地质调查13个图幅,面积 $13.5 \times 10^4 \mathrm{km}^2$;1∶20万区域地质调查,完成32个图幅,面积约 $13 \times 10^4 \mathrm{km}^2$;1∶5万区域地质调查工作开始于20世纪60年代,大部分部署位于重要成矿区(带)上,累计完成面积约 $6.5 \times 10^4 \mathrm{km}^2$,具体见图2-1-1~图2-1-3。

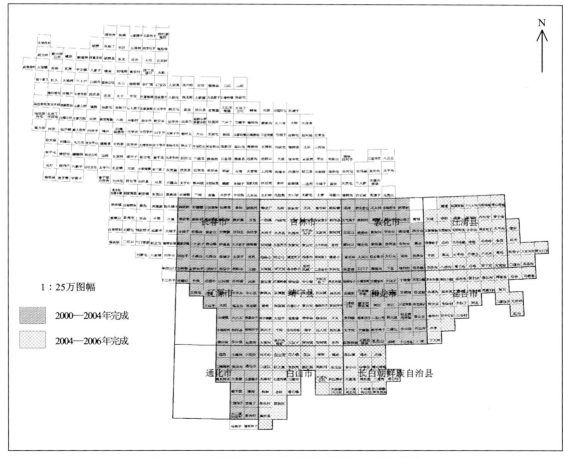

图 2-1-1　吉林省1∶25万区域地质调查工作程度图

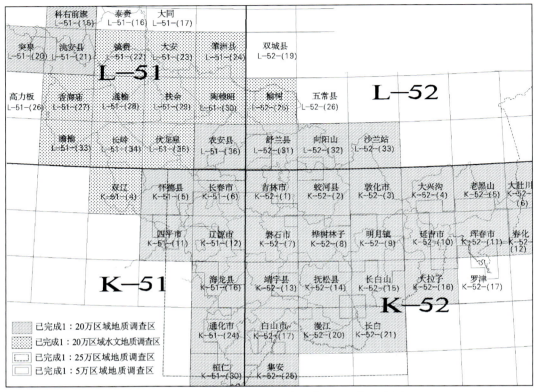

图 2-1-2 吉林省 1：20 万区域地质调查工作程度图

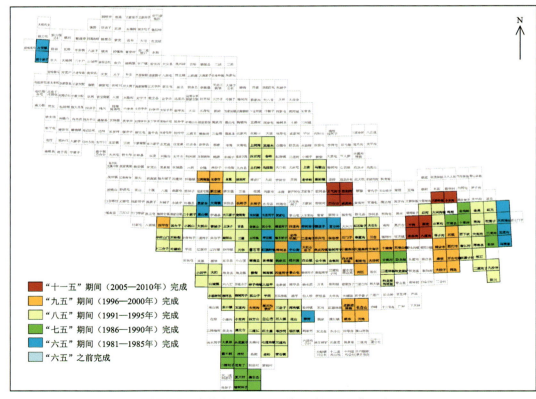

图 2-1-3 吉林省 1：5 万区域地质调查工作程度图

吉林省基础地质研究于20世纪60年代开始,至今仍在持续工作,可大致划分为如下几个时期。第一时期为20世纪60年代,利用已有的1∶20万区域地质资料研究编制1∶100万区域地质图及说明书。第二时期为20世纪80年代利用已有的1∶20万、1∶5万区域地质资料和1∶100万区域地质研究成果编制1∶50万区域地质志,同时提交了1∶50万地质图、1∶100万岩浆岩地质图、1∶100万地质构造图。第三时期为20世纪90年代针对吉林省岩石地层进行了清理。

第二节　重力、磁测、化探、遥感、自然重砂调查及研究

一、重力

吉林省1∶100万区域重力调查1984—1985年完成外业实测工作,采用1∶5万地形图解求X、Y、Z,提交吉林省1∶100万区域重力调查成果报告。

1982年吉林省首次按国际分幅开展1∶20万重力调查,至今在吉林省东、中部地区共完成33幅区域重力调查,面积约$12×10^4 km^2$。在1996年以前重力测量的点位求取采用航空摄影测量中电算加密方法,1997年后重力测量的点位求取采用GPS求解。见图2-2-1。

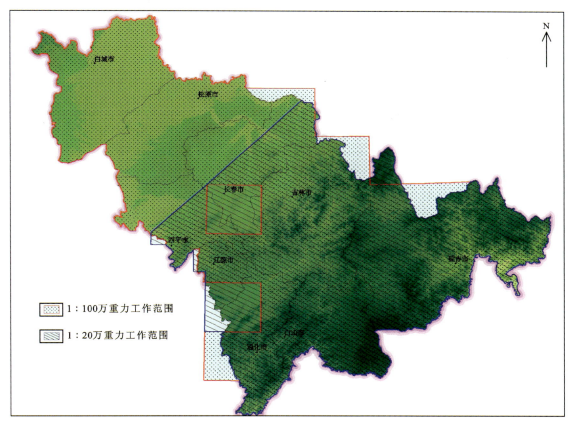

图2-2-1　吉林省重力工作程度图

吉林省1∶100万区域重力调查解释推断出66条断裂,其中34条断裂与以往断裂吻合,新推断出了32条断裂。结合深部构造和地球物理场的特征,划分出3个Ⅰ级构造区和6个Ⅱ级构造分区。

吉林省东部1：20万区域重力调查通过资料分析，综合预测贵金属及多金属找矿区38处；通过居里等温面的计算，在长春-吉林以南、辽源-桦甸以北，地温梯度均属于高地温梯度区，是寻找地热的远景区；通过深部剖面的解释，伊舒断裂带西支断裂F_{32}、东支断裂F_{33}、四平-德惠断裂带东支断裂F_{30}，断裂走向北东向，与伊舒断裂带平行。以上断裂带均属深大断裂。

在吉林省南部推断71条断裂构造，其中圈定33个隐伏岩体和4个隐伏含煤盆地。

二、磁测

吉林省的航磁是由原地质矿产部（现为自然资源部）航空物探总队实施的，从1956—1987年间，该物探总队开展不同地质找矿目的、不同比例尺、不同精度的航空磁测工作区（覆盖全省）计13个。完成1：100万航磁 $15×10^4 km^2$，1：20万航磁 $20.9×10^4 km^2$，1：5万航磁 $9.749×10^4 km^2$，1：5万航磁 $9000 km^2$，见图2-2-2。

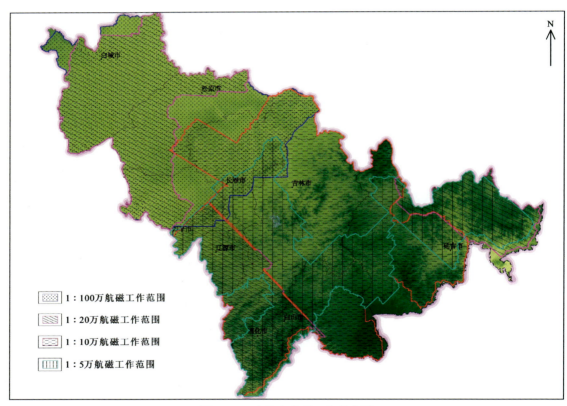

图2-2-2 吉林省航磁工作程度图

原吉林省地质矿产局物探大队编制的1：20万航磁图，对吉林省相关生产、科研和教学等单位具有较大的实用价值，为寻找黑色金属、有色金属、能源矿产等方面提供了丰富的基础地球物理资料。

吉林省中部地区航磁测量结果发现航磁异常250个，为寻找与异常有关的铁、铜等金属矿提供了线索。经查证，52个异常中，见矿或与矿化有关的异常有6个，与超基性岩或基性岩关的异常有15个，推断与成矿有关的异常有57个。

通化西部地区航磁测量结果发现航磁异常142处，推断与寻找磁铁矿有关的异常20处；基性—超基性岩体引起的异常14处；接触蚀变带引起的、具有寻找铁铜矿及多金属矿有望的异常10处。航磁图显示了本区构造特征。以异常为基础，结合地质条件，划分出了6个找矿远景区。

延边北部地区航磁测量结果发现编号异常217处，为此逐个进行了初步分析解释，其中有24处与矿（化）有关。航磁资料中明显地反映出本区地质构造特征，如官地-大山咀子深断裂、沙河沿-牛心顶子-王峰楼村大断裂、石门-蛤蟆塘-天桥岭大断裂、延吉断陷盆地等。并对本区矿产分布远景进行了分析，提出了一个沉积变质型铁磷矿成矿远景区和4个矽卡岩型铁、铜、多金属成矿远景区。

鸭绿江沿岸地区航磁测量工作共发现288处异常，其中75处异常为间接、直接找矿指示了信息。确定了全区地质构造的基本轮廓，共划分5个构造区，确定了53条断裂（带），其中有10条是对本区构造格架起主要作用的边界断裂。根据异常分布特点，结合地质构造的有利条件，已知矿床（点）分布及化探资料，划分出14个成矿远景区，其中8个为Ⅰ级远景区。

三、化探

本次工作完成1∶20万区域化探工作12.3×10⁴km²，在吉林省重要成矿区（带）上完成1∶5万化探约3×10⁴km²，1∶20万与1∶5万水系沉积物测量为吉林省区域化探积累了大量的数据及信息，见图2-2-3。

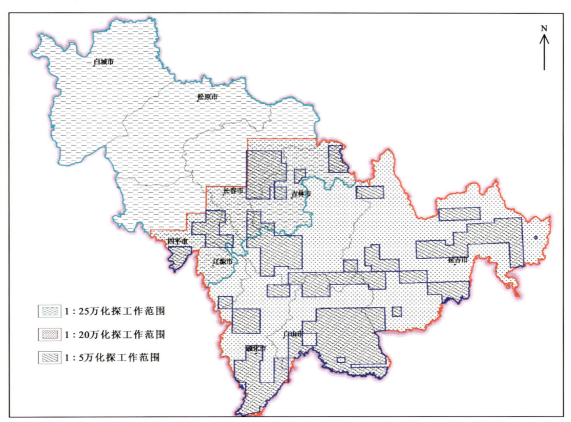

图2-2-3 吉林省地球化学工作程度图

中比例尺的成矿预测较充分地利用1∶20万区域化探资料，首次编制了吉林省地球化学综合异常图、吉林省地球化学图；根据元素分布分配的分区性，从成因上总结出两类区域地球化学场：一是反映成岩过程中的同生地球化学场；二是成岩后的改造和叠生作用形成后生或叠生地球化学场。

四、遥感

目前,吉林省遥感调查工作主要有"应用遥感技术对吉林省南部金-多金属成矿规律的初步研究""吉林省东部山区贵金属及有色金属矿产成矿预测"项目中的遥感图像地质解译、"吉林省 ETM 遥感图像制作"以及 2005 年由吉林省地质调查院完成"吉林省 1:25 万 ETM 遥感图像制作",见图 2-2-4。

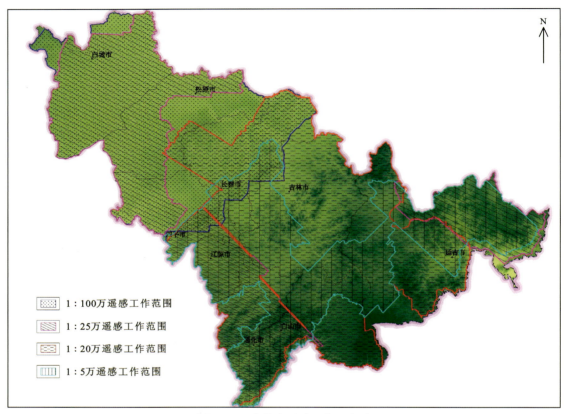

图 2-2-4　吉林省遥感工作程度图

1990 年,由吉林省地质遥感中心完成的"应用遥感技术对吉林省南部金-多金属成矿规律的初步研究"项目中,利用 1:4 万彩红外航片,以目视解译及立体镜下观察为主,对吉林省南部(N42°以南)的线性构造、环状构造进行解译,并圈定一系列成矿预测区及找矿靶区。

1992 年由吉林省地质矿产局完成的"吉林省东部山区贵金属及有色金属矿产成矿预测"项目中,以美国 4 号陆地卫星 1979 年、1984 年及 1985 年接收的 TM 数据 2、3、4 波段合成的 1:50 万假彩色图像为基础,进行目视解译。地质图上已划分出的断裂构造带均与遥感地质解译线性构造相吻合。而遥感解译地质图所划的线性构造比常规地质断裂构造要多,规模也要大一些。因而绝大部分线性构造可以看成是各种断裂带、破碎带、韧性剪切带的反映。区内已知矿床、矿点多位于规模在几千米至几十千米的线性构造上。而规模数百千米的大构造带上,往往矿床(点)分布较少。

遥感解译出 621 个环形构造,这些环形构造的展布特征复杂,形态各异,规模不等,成因及地质意义也不尽相同。解译出岩浆侵入环形构造 94 个,隐伏岩浆侵入体环形构造 24 个,基底侵入岩环形构造 6 个,火山喷发环形构造 55 个及弧形构造围限环形构造 57 个,尚有成因及地质意义不明的环形构造 388 个。

用类比方法圈定出Ⅰ级成矿预测区 10 个、Ⅱ级成矿预测区 18 个、Ⅲ级成矿预测区 14 个。

五、自然重砂

1∶20 万自然重砂测量工作覆盖了吉林省东部山区。1∶5 万自然重砂测量工作完成图幅近 20 幅，大比例尺自然重砂工作开展很少。2001—2003 年对 1∶20 万数据进行了数据库建设。吉林省在开展金刚石找矿工作时，对全省自然重砂资料进行过分析和研究，但仅限于针对金刚石找矿方面的研究（图 2-2-4）。

1993 年提交的《吉林省东部山区贵金属及有色金属矿产成矿预测报告》中，对吉林省自然重砂资料进行了全面系统的研究工作。

第三节 矿产勘查及成矿规律研究

截至 2008 年底，全省提交矿产勘查地质报告 3000 余份，已发现各种矿（化）点 2000 余处，矿产地 1000 余处。发现矿种 158 种（包括亚矿种），查明资源储量的矿种 115 种；全省发现稀土矿床点 1 处。稀土矿床的成因类型主要为风化壳型。

1971 年延边地质大队五连在东清一代开展放射性测量及独居石原生矿找矿，发现了东清独居石砂矿床。

第四节 地质基础数据库现状

一、1∶50 万数字地质图空间数据库

1∶50 万地质图库是吉林省地质调查院于 1999 年 12 月底完成的，该数据库是在原《吉林省 1∶50 万地质图》《吉林省区域地质志》附图基础上补充少量 1∶20 万和 1∶5 万地质图资料及相关研究成果，结合现代地质学、地层学、岩石学等新理论和新方法，地层按岩石地层单位，侵入岩按时代加岩性和花岗岩类谱系单位编制的。此图库属数字图范围，没有 GIS 的图层概念，适合用于小比例尺的地质底图。目前没有对其进行更新维护。

二、1∶20 万数字地质图空间数据库

1∶20 万地质图空间数据库共计有 33 个标准和非标准图幅，由吉林省地质调查院完成，经中国地质调查局发展中心整理汇总后返交吉林省。该库图层齐全、属性完整、建库规范、单幅质量较好，但总体上因填图过程中认识不同，各图幅接边问题严重，后期对其进行了更新维护。

三、吉林省矿产地数据库

吉林省矿产地数据库于 2002 年建成，该库采用 DBF 和 ACCESS 两种格式保存数据。矿产地数据库更新至 2004 年，按本次工作要求进行了更新维护。

四、物探数据库

1. 重力

吉林省完成东部区域 1∶20 万重力调查区共 26 个图幅的建库工作，入库有效数据有 23 620 个物理点。数据采用 DBF 格式且数据齐全。

重力数据库只更新到 2005 年，主要是对数据库管理软件进行更新，数据内容与原库内容保持一致。

2. 航磁

吉林省航磁数据共由 21 个测区组成，总物理点数据 631 万个，比例尺分为 1∶50 万、1∶20 万、1∶5 万，在吉林省内主要成矿区（带）多数有 1∶5 万数据覆盖。

存在的问题：测区间数据没有调平处理，且没有飞行高度信息，数据采集方式有早期模拟的和后期数字化的。精度从几纳特到几十纳特。若要有效地使用航磁资料，必须解决不同测区间数据调平问题。本次工作采用中国国土资源航空物探遥感中心提供的航磁剖面和航磁网格数据。

五、遥感影像数据库

吉林省遥感解译工作始于 20 世纪 90 年代初期，由于受当时工作条件和计算机技术发展的限制，缺少相关应用软件和技术标准，没能对解译成果进行相应的数据库建设。在此次资源总量预测期间，应用中国国土资源航空物探遥感中心提供的遥感数据，建设吉林省遥感数据库。

六、区域地球化学数据库

吉林省化探数据主要以 1∶20 万水系测量数据为主并建立数据库，共有入库元素 39 个，原始数据点以 $4km^2$ 内原始采集样点的样品做一个组合样。此库建成后，吉林省没有开展同比例尺的地球化学填图工作，因此没有进行数据更新工作。由于入库数据是采用组合样分析结果，因此入库数据不包含原始点位信息。这给通过划分汇水盆地确定异常和更有效地利用原始数据带来一定困难。

七、1∶20 万自然重砂数据库

吉林省自然重砂数据库的建设与 1∶20 万地质图库建设基本保持同步。入库数据有 35 个图幅，采样 47 312 点中涉及矿物 473 个,入库数据内容齐全,并有相应空间数据采样点位图层。数据采用 ACCESS 格式保存。目前没有对其进行更新维护。

八、工作程度数据库

吉林省地质工作程度数据库由吉林省地质调查院 2004 年完成,内容全面,涉及地质、物探、化探、矿产、勘查、水文等内容。数据库中基本反映了自中华人民共和国成立后吉林省地质调查、矿产勘查工作的程度。采集的资料截至 2002 年。

第三章 地质矿产概况

第一节 成矿地质背景

吉林省稀土矿床的主要类型为风化壳型砂矿。与稀土矿成矿有关的地层为下白垩统大拉子组、新生代船底山组、上更新统和全新统。

大拉子组：下部以砾岩、砂砾岩为主；上部为砂岩、粉砂岩、泥岩、页岩、油页岩。产动植物化石，厚度1884m。

船底山组：由橄榄玄武岩、玄武岩、安山质玄武岩、凝灰质砂岩组成的旋回层。厚度各地不一，为87.5～430m。

上更新统：分布在Ⅱ级阶地，多由泥砾、砂、亚砂土组成，砾石以花岗岩为主。厚度大于5m。

全新统：冲洪积砂砾石层、沼泽砂泥、泥炭、风积砂、黏土、黑土等。厚度5～50m。

第二节 区域矿产特征

一、成矿特征

吉林省稀土矿产代表性矿床为安图县东清独居石矿，赋矿层位为第四纪河床沉积砂矿、风化残积砂矿，其原生矿为燕山期花岗岩。

二、稀土矿预测类型划分及其分布范围

本次选择风化壳型砂矿进行预测，预测工作区分布在吉林省安图县西北岔地区。

第三节　区域地球物理、地球化学、遥感、自然重砂特征

一、区域地球物理特征

(一) 重力

1. 岩(矿)石密度

(1) 各大岩类的密度特征：沉积岩的密度值小于岩浆岩和变质岩。不同岩性间的密度值变化情况：沉积岩为 $(1.51\sim2.96)\times10^3 kg/m^3$；变质岩为 $(2.12\sim3.89)\times10^3 kg/m^3$；岩浆岩为 $(2.08\sim3.44)\times10^3 kg/m^3$；喷出岩的密度值小于侵入岩的密度值，见图3-3-1。

(2) 不同时代各类地质单元岩石密度变化规律：不同时代地层单元岩系总平均密度存在差异，其值大小在时代上有从新到老逐渐增大的趋势，即地层时代越老，密度值越大；新生界为 $2.17\times10^3 kg/m^3$，中生界为 $2.57\times10^3 kg/m^3$，古生界为 $2.70\times10^3 kg/m^3$，元古宇为 $2.76\times10^3 kg/m^3$，太古宇为 $2.83\times10^3 kg/m^3$，由此可见新生界的密度值均小于前各时代地层单元的密度值，各时代均存在着密度差，见图3-3-2。

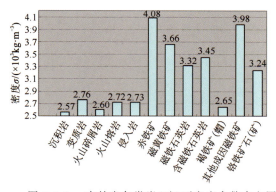

图 3-3-1　吉林省各类岩(矿)石密度参数直方图

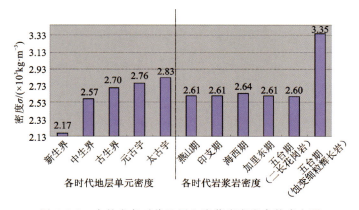

图 3-3-2　吉林省各时代地层和岩浆岩密度参数直方图

2. 区域重力场基本特征及其地质意义

(1) 区域重力场特征。在全省重力场中，宏观呈现"二高一低"重力区，即西北部及中部为重力高、东南部为重力低的基本分布特征。最低值在长白山一线；高值区出现在大黑山条垒区；瓦房镇-东屏镇为另一高值区；洮南、长岭一带异常较为平缓，呈小的局域特点分布；中部及东南部布格重力异常等值线大多呈北东向展布，大黑山条垒，尤其是辉南—白山—桦甸—黄泥河镇一带，等值线展布方向及局部异常轴向均呈北东向。北部桦甸—夹皮沟—和龙一带，等值线则多以北西向为主，向南逐渐变为东西向，至漫江则转为南北向，围绕长白山天池（白头山天池）呈弧形展布，延吉、珲春一带也呈近弧状展布。

(2) 深部构造特征。重力场值的区域差异特征反映了莫霍面及康氏面的变化趋势，曲线的展布特征则反映了明显地质构造及岩性特征的规律性。从莫霍面图上可见，西北部及东南部两侧呈平缓椭圆状或半椭圆状，西北部洮南-乾安为幔坳区，中部松辽为幔隆区（为北东走向的斜坡），东南部为张广才岭-长白山地幔坳陷区，而东部延吉珲春汪清为幔隆区。安图—延吉、柳河—桦甸一带所出现的北西向及北东向等深线梯度带表明，华北板块北缘边界断裂，反映了不同地壳的演化史及形成的不同地质体，见图 3-3-3 和图 3-3-4。

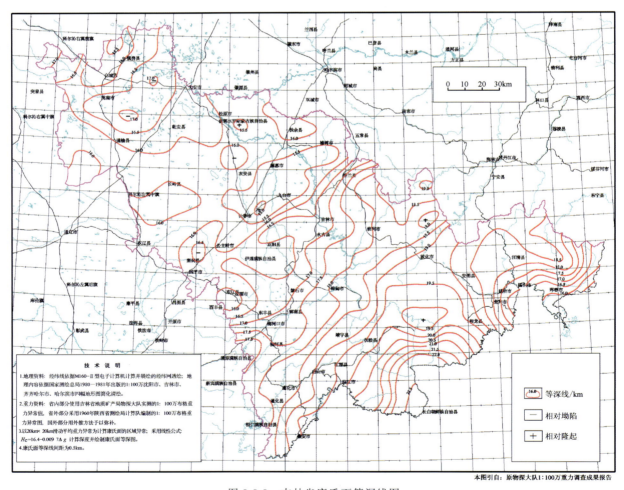

图 3-3-3 吉林省康氏面等深线图

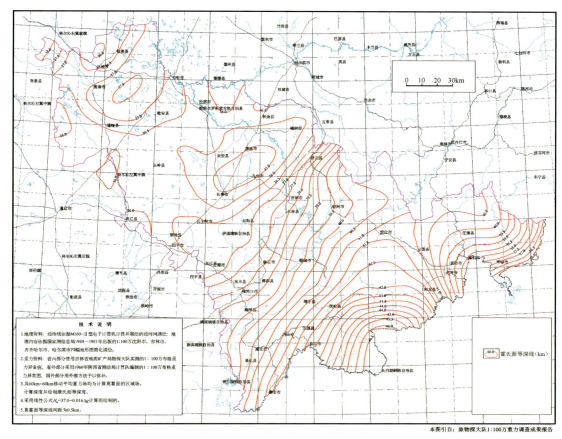

图 3-3-4 吉林省霍氏面等深度图

3. 区域重力场分区

依据重力场分区的原则,吉林重力场划分为南、北2个Ⅰ级重力异常区,其他划分详见表3-3-1。

表 3-3-1　吉林省重力场分区一览表

Ⅰ	Ⅱ	Ⅲ	Ⅳ
Ⅰ1 白城-吉林- 延吉复杂 异常区	Ⅱ1 大兴安岭东麓异常区	Ⅲ1 乌兰浩特-哲斯异常分区	Ⅳ1 瓦房镇—东屏镇正负异常小区
		Ⅲ2 兴龙山-边昭正负异常分区	（1）重力低小区；（2）重力高小区
		Ⅲ3 白城-大岗子低缓负异常分区	（3）重力低小区；（4）重力高小区； （5）重力低小区；（6）重力高小区
	Ⅱ2 松辽平原低缓异常区	Ⅲ4 双辽-梨树负异常分区	（7）重力高小区；（11）重力低小区； （20）重力高小区；（21）重力低小区
		Ⅲ5 乾安-三盛玉负异常分区	（8）重力低小区；（9）重力高小区； （10）重力低小区；（12）重力低小区； （13）重力低小区；（14）重力高小区
		Ⅲ6 农安-德惠正负异常分区	（17）重力高小区；（18）重力高小区； （19）重力高小区
		Ⅲ7 扶余-榆树负异常分区	（15）重力低小区；（16）重力低小区

续表 3-3-1

Ⅰ	Ⅱ	Ⅲ	Ⅳ
Ⅰ1 白城-吉林- 延吉复杂 异常区	Ⅱ3 吉林中部复杂 正负异常区	Ⅲ8 大黑山正负异常分区	
		Ⅲ9 伊-舒带状负异常分区	
		Ⅲ10 石岭负异常分区	Ⅳ2 辽源异常小区
			Ⅳ3 椅山-西堡安异常低值小区
		Ⅲ11 吉林弧形复杂负异常分区	Ⅳ4 双阳-官马弧形负异常小区
			Ⅳ5 大黑山-南楼山弧形负异常小区
			Ⅳ6 小城子负异常小区
			Ⅳ7 蛟河负异常小区
		Ⅲ12 敦化复杂异常分区	Ⅳ8 牡丹岭负异常小区
			Ⅳ9 太平岭-张广才岭负异常小区
	Ⅱ4 延边复杂负 异常区	Ⅲ13 延边弧状正负异常区	
		Ⅲ14 五道沟弧线形异常分区	
Ⅰ2 龙岗-长白 半环状低值 异常区	Ⅱ5 龙岗复杂负 异常区	Ⅲ15 靖宇异常分区	Ⅳ10 龙岗负异常小区
			Ⅳ11 白山负异常小区
			Ⅳ12 和龙环状负异常小区
		Ⅲ16 浑江负异常低值分区	Ⅳ13 清和复杂负异常小区
			Ⅳ14 老岭负异常小区
			Ⅳ15 浑江负异常小区
	Ⅱ6 八道沟-长白 异常区	Ⅲ17 长白负异常分区	

4. 深大断裂

吉林省地质构造复杂,在漫长的地质历史演变中,经历过多期地壳运动,在各个地质发展阶段和各个时期的地壳运动中,均相应地形成了一系列规模不等、性质不同的断裂。这些断裂,尤其是深大断裂一般都经历了长期的、多旋回的发展过程,它们对吉林省地质构造的发展、演化及成岩成矿作用有着密切的关系。根据《吉林省地质志》中的"深大断裂"一章将吉林省断裂按切割地壳深度的规模大小、控岩控矿作用以及展布形态等大致分为超岩石圈断裂、岩石圈断裂、壳断裂和一般断裂及其他断裂。

1) 超岩石圈断裂

吉林省超岩石圈断裂只有一条,称中朝准地台北缘超岩石圈断裂;即"赤峰-开源-辉南-和龙深断裂"。这条超岩石圈断裂横贯吉林省南部,由辽宁省西丰县进入吉林省海龙、桦甸,过老金厂、夹皮沟、和龙,向东延伸至朝鲜境内,是一条规模巨大、影响很深、发育历史长久的断裂构造带。实际上它是中朝准地台和天山-兴隆地槽的分界线。总体走向为东西向,在吉林省内长达 260km,宽 5~20km。由于受后期断裂的干扰、错动,使其早期断裂痕迹不易辨认,并且使走向在不同地段发生北东向、北西向偏转和断开、位移,从而形成了现今平面上具有折断状的断裂构造,见图 3-3-5。

重力场基本特征:断裂线在布格重力异常平面图上呈北东向、东西向密集梯度带排列,南侧为环状、椭圆状,西部断裂以北东向的重力异常为主。这种不同性质重力场的分界线,无疑是断裂存在的标志。从东丰到辉南段为重力梯度带,梯度较陡;夹皮沟到和龙一段,也是重力梯度带,水平梯度走向有变化,

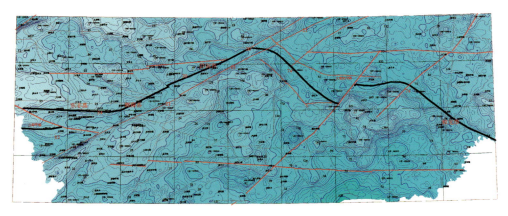

图 3-3-5 开源-桦甸-和龙超岩石圈断裂布格重力异常图

应该是被多个断裂错断所致,但梯度较密集。在重力场上延10km、20km,以及重力垂向一阶导数、二阶导数、二阶导平面图,该断裂更为显著,东丰经辉南到桦甸折向和龙。除东丰到辉南一带为线状的重力高值带外,其余均为线状重力低值带,它们的极大值和极小值便是该断裂线的位置。从莫霍面等深度图上可见:该断裂只在个别地段有某些显示,说明该断裂切割深度并非连续均匀。西丰至辉南段表现同向扭曲,辉南至桦甸段显示不出断裂特征,而桦甸至和龙段有同向扭曲,表明有断裂存在。莫霍面上表示深度为37～42km,从而断定此断裂在部分地段已切入上地幔。

地质特征:小四平—海龙一带,断裂南侧为太古宇夹皮沟群、中元古界色洛河群,北侧为早古生代地槽型沉积。断裂明显,发育在海西期花岗岩中。柳树河子至大浦柴河一带有基性—超基性岩平等断裂展布,和龙至白金一带有大规模的花岗岩体展布。因此,此断裂为超岩石圈断裂。

2)岩石圈断裂

伊兰-伊通岩石圈断裂带位于二龙山水库—伊通—双阳—舒兰一带,呈北东方向延伸,过黑龙江依兰—佳木斯—箩北进入俄罗斯境内。该断裂于二龙山水库,被冀东向四平-德惠断裂带所截。该断裂带在吉林省内由2条相互平行的北东向断裂构成,宽15～20km,走向45°～50°。在吉林省内长达260km,在狭长的"槽地"中,沉积了厚达2000多米的中新生代陆相碎屑岩,其中古近纪—新近纪沉积物应有1000多米,从而形成了狭长的依兰-伊通地堑盆地。

重力场特征:断裂带重力异常梯度带密集,呈线状,走向明显,在吉林省布格重力异常垂向一阶导数、二阶导数平面图及滑动平均(30km×30km、14km×14km)剩余异常平面图上可见,延伸狭长的重力低值带,在其两侧狭长延展的重力高值带的衬托下,其异常带显著。该重力低值带宽窄不断变化,并非均匀展布,而在伊通至乌拉街一带稍宽大些,这段分别被东西向重力异常隔开,这说明在形成过程中受东西向构造影响,见图3-3-6。

从重力场上延5km、10km、20km等值线平面图上看,该断裂显示得尤为清晰、醒目,线状重力低值带与重力高值带并行延展,它们的极小值与极大值,便是该断裂在重力场上的反映。重力二阶导数的零值及剩余异常图的零值,为圈定断裂提供了更为准确可靠的依据。

再从莫霍面和康氏面等深线图上及滑动平均60km×60km剩余异常平面图可知,该断裂有显示:此段等值线密集,存在重力梯度带十分明显;双阳至舒兰段,莫霍面及康氏面等深线密集,形状规则,呈线状展布。沿断裂方向莫霍面深度为36～37.5km,断裂的个别地段已切入下地幔。由上述重力特征可见，此断裂反映了岩石圈断裂定义的各个特征。

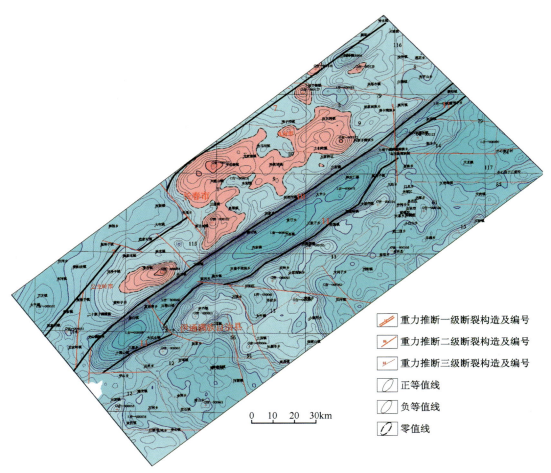

图 3-3-6　舒兰-伊通岩石圈断裂带布格重力异常图

（二）航磁

1. 区域岩（矿）石磁性参数特征

根据收集的岩（矿）石磁性参数整理统计，吉林省岩（矿）石的磁性强弱可以分成 4 个级次：极弱磁性 $[\kappa<(300\times4\pi\times10^{-6}\mathrm{SI})]$，弱磁性 $[\kappa=(300\sim2100)\times4\pi\times10^{-6}\mathrm{SI}]$，中等磁性 $[\kappa=(2100\sim5000)\times4\pi\times10^{-6}\mathrm{SI}]$，强磁性 $[\kappa>(5000\times4\pi\times10^{-6}\mathrm{SI})]$。

沉积岩基本上无磁性，但是四平和通化地区的砾岩、砂砾岩有弱的磁性。

沉积的变质岩大都无磁性，角闪岩、斜长角闪岩变质岩普遍显中等磁性，而通化地区的斜长角闪岩和吉林地区的角闪岩只具有弱磁性。

片麻岩、混合岩在不同地区具不同的磁性。吉林地区该类岩石具较强磁性，延边及四平地区则为弱磁性，而在通化地区则无磁性。总的来看，变质岩的磁性变化较大，有的岩石在不同地区有明显差异。

火山岩类岩石普遍具有磁性，并且具有从酸性火山岩→中性火山岩→基性、超基性火山岩由弱到强的变化规律。

岩浆岩中酸性岩浆岩磁性变化范围较大，可由无磁性变化到有磁性。其中吉林地区的花岗岩具有中等程度的磁性，而其他地区花岗岩类多为弱磁性，延边地区的部分酸性岩表现为无磁性。

四平地区的碱性岩-正长岩表现为强磁性。吉林、通化地区的中性岩磁性为弱—中等强度,而在延边地区则为弱磁性。

基性—超基性岩类除在延边和通化地区表现为弱磁性外,其他地区则为中等—强磁性。

磁铁矿及含铁石英岩均为强磁性,而有色金属矿矿石一般来说均不具有磁性。

从总的趋势来看,各类岩石的磁性基本上按沉积岩、变质岩、火成岩的顺序逐渐增强,见图3-3-7。

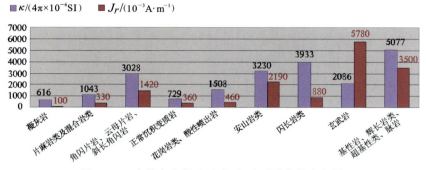

图 3-3-7　吉林省东部地区岩石、矿石磁参数直方图

2. 吉林省区域磁场特征

吉林省在航磁图上基本反映出3个不同场区特征:①东部山区敦化-密山断裂以东地段,以东升高波动的老爷岭长白山磁场区,该磁场区向东分别进入俄罗斯和朝鲜境内,向南、向北分别进入辽宁省和黑龙江省内;②敦化-密山断裂以西,四平、长春、榆树以东的中部为丘陵区,磁异常强度和范围都明显低于东部山区磁异常强度,向南、向北分别进入辽宁省和黑龙江省内;③西部为松辽平原中部地段,为低缓平稳的松辽磁场区,向南、向北亦分别进入辽宁省及黑龙江省。

1)东部山区磁场特征

东部山地北起张广才岭,向西南延至柳河,通化交界的龙岗山脉以东地段。该区磁场特征是以大面积正异常为主,一般磁异常极大值为600nT,大蒲柴河—和龙一线为华北地台北缘东段一级断裂(超岩石圈断裂)所在的位置。

(1)大蒲柴河—和龙以北区域磁场特征:航磁异常整体上呈北西走向,两块宽大北西走向磁场正异常区之间夹北西走向宽大的磁场负异常区,正磁场区和负磁场区上的各局部异常走向大多为北东向。异常最大值为550nT。航磁正异常主要是晚古生代以来花岗岩、花岗闪长岩及中新生代火山岩磁性的反映。磁异常整体上呈北西走向,主要是与区域上的一级、二级断裂构造方向及局部地体的展布方向为北西走向有关,而局部异常走向北东向主要是受次级的二级、三级断裂构造及更小的局部地体分布方向所控制。

(2)大蒲柴河—和龙以南区域磁场特征:在大蒲柴河—和龙以南区域是东南部地台区,西部以敦密断裂带为界,北部以地台北缘断裂带为界,西南到吉林和辽宁省界,东南到吉林省界和朝鲜国界。

靠近敦密断裂带和地台北缘断裂带的磁场以正异常区为主,磁异常走向大致与断裂带平行。

西部正异常强度为100～400nT,走向以北东为主。正背景场上的局部异常梯度陡,主要反映的是太古宇花岗质、闪长质片麻岩,中、新太古代变质表壳岩,以及中、新生代火山岩的磁场特征。

北部靠近地台北缘断裂带的磁场区,以北西走向为主,强度为150～450nT,正异常背景场上的局部异常梯度陡,靠近北缘断裂带的磁异常以串珠状形式向外延展,总体呈弧形或环形异常带。

西支的弧形异常带从松山、红石、老金厂、夹皮沟、新屯子、万良到抚松,围绕龙岗地块的东北侧外缘分布,主要是中太古代闪长质片麻岩、中太古代变质表壳岩、新太古代变质表壳岩、寒武纪花岗闪长岩磁性的反映,中太古代变质表壳岩、新太古代变质表壳岩是含铁的主要层位。

东支的环形异常带从二道白河、两江、万宝、和龙到崇善以北区域,主要围绕和龙地块的边缘分布,各局部异常则多以东西走向为主,但异常规模较大,异常梯度也陡。大面积中等强度航磁异常主要是中太古代花岗闪长岩的反映,强度较低异常主要由侏罗纪花岗岩引起,半环形磁异常上有几处强度较高的局部异常则是由强磁性的玄武岩和新太古代表壳岩、太古宇变质基性岩引起。对应此半环形航磁异常,有一个与之基本吻合的环形重力高异常,说明环形异常主要由新太古代表壳岩、太古宇变质基性岩引起。特别在半环形磁异常上东段的几处局部异常,结合剩余重力异常为重力高的特征,推断为半隐伏、隐伏新太古代表壳岩和太古宇变质基性岩引起的异常,非常具备寻找隐伏磁铁矿的前景。

中部以大面积负磁场区为主,是吉林省南部元古宇裂谷区内的碳酸盐岩、碎屑岩及变质岩的磁异常反映,大面积负磁场区内的局部正异常主要为中生代中酸性侵入岩体及中、新生代火山岩磁性的反映。

南部长白山(白头山)天池地区是一片大面积的正负交替、变化迅速的磁场区,磁异常梯度大,强度为350~600nT,是大面积玄武岩的反映。

(3)敦化-密山断裂带磁场特征:敦化-密山深大断裂带在吉林省内长250km,宽5~10km,走向北东,是由一系列平行的、成雁行排列的次一级断裂组成的一个相当宽的断裂带。它的北段在磁场图上显示一系列正负异常剧烈频繁交替的线性延伸异常带,是一条由古近纪+新近纪玄武岩沿断裂带喷溢填充的线性岩带。这条呈线性展布的岩带,恰是断裂带的反映。

2)中部丘陵区磁场特征

张广才岭—富尔岭—龙岗山脉一线以西,四平、长春、榆树以东的中部为丘陵区。该区磁场特征可分为4种场态特征,叙述如下:

(1)大黑山条垒场区:航磁异常呈楔形,南窄北宽,各局部异常走向以北东为主。以条垒中部为界,南部异常范围小、强度低,北部异常范围大、强度大,最大值达到450nT。航磁异常主要是中生代中酸性侵入岩体引起的。

(2)伊通-舒兰地堑区:中、新生代沉积盆地,磁场为大面积的北东走向的负异常场区,西侧陡,东侧缓,负异常场区中心靠近西侧,说明西侧沉积厚度比东侧深。

(3)南部石岭隆起区:异常多数呈条带状分布,走向以北西为主,南侧强度为100~200nT。南侧异常为东西走向,这与所处石岭隆起区域北西向断裂构造带有关,这些北西走向的各个构造单元控制了磁异常分布形态特征。异常主要与中生代中酸性侵入岩体有关。石岭隆起区北侧为磐双接触带,接触带附近的负场区对应晚古生代地层。

(4)北侧吉林复向斜区:区内航磁异常大部分由晚古生代、中生代中酸性侵入岩体引起。

3)平原区磁场特征

吉林西部为松辽平原中部地段,两侧为一宽大的负异常,表明该地段中、新生代正常沉积岩层的磁场。这是岩相岩性较为典型的湖相碎屑沉积岩,沉积韵律稳定,厚度巨大,产状平稳,火山活动很少,岩石中缺少铁磁性矿物组分。在松辽盆地中,中、新生代沉积岩磁性极弱,因此在这套中、新生代地层上显示为单调平稳的负磁场,强度为-150~-50nT。

二、区域地球化学特征

(一)元素分布及浓集特征

1. 元素的分布特征

经过对吉林省1:20万水系沉积物测量数据的系统研究以及依据地球化学块体的元素专属性,编制了中东部地区地球化学元素分区及解释推断地质构造图,并在此基础上编制了主要成矿元素分区及解释推断图,见图3-3-8、图3-3-9。

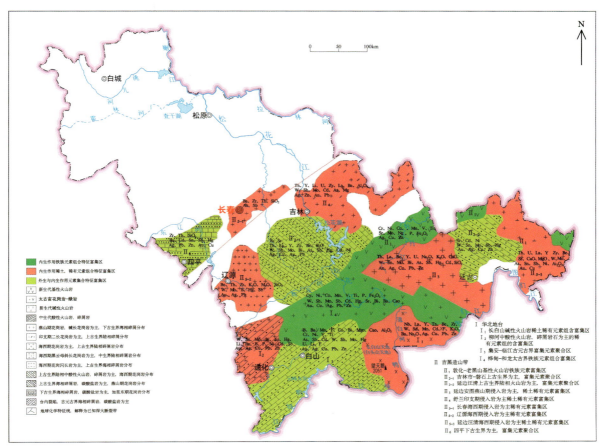

图3-3-8　中东部地区地球化学元素分区及解释推断地质构造图

图3-3-8中,以3种颜色分别代表内生作用铁族元素组合特征富集区,内生作用稀有、稀土元素组合特征富集区,外生与内生作用元素组合特征富集区。

铁族元素组合特征富集区的地质背景是吉林省新生代基性火山岩、太古宙花岗岩-绿岩地体的主要分布区,主要表现的是Cr、Ni、Co、Mn、V、Ti、P、Fe_2O_3、W、Sn、Mo、Hg、Sr、Au、Ag、Cu、Pb、Zn等元素(氧化物)的高背景区(元素富集场),尤以太古宙花岗岩-绿岩地体表现突出,是吉林省金、铜成矿的主要矿源层位。

图3-3-9更细致地划分出主要成矿元素的分布特征。如在太古宙花岗岩-绿岩地体内划分出6处Au、Ag、Ni、Cu、Pb、Zn成矿区域,构成吉林省重要的金、铜成矿带。

内生作用稀有、稀土元素组合特征富集区,主要表现的是Th、U、La、Be、Li、Nb、Y、Zr、Sr、Na_2O、K_2O、MgO、CaO、Al_2O_3、Sb、F、B、As、Ba、W、Sn、Mo、Au、Ag、Cu、Pb、Zn等元素(氧化物)的高背景区。主要的成矿元素为Au、Cu、Pb、Zn、W、Sn、Mo,尤以Au、Cu、Pb、Zn、W表现优势。地质背景为新生代碱性火山岩,中生代中酸性火山岩、火山碎屑岩,以及以海西期、印支期、燕山期为主的花岗岩类侵入岩体。

外生与内生作用元素组合特征富集区,以槽区分布良好。主要表现的是Sr、Cd、P、B、Th、U、La、Be、Zr、Hg、W、Sn、Mo、Au、Cu、Pb、Zn、Ag等元素富集场,主要的成矿元素为Au、Cu、Pb、Zn。地质背景为古元古代和古生代的海相碎屑岩、碳酸盐岩以及晚古生代的中酸性火山岩、火山碎屑岩,同时有海西期、燕山期的侵入岩体分布。

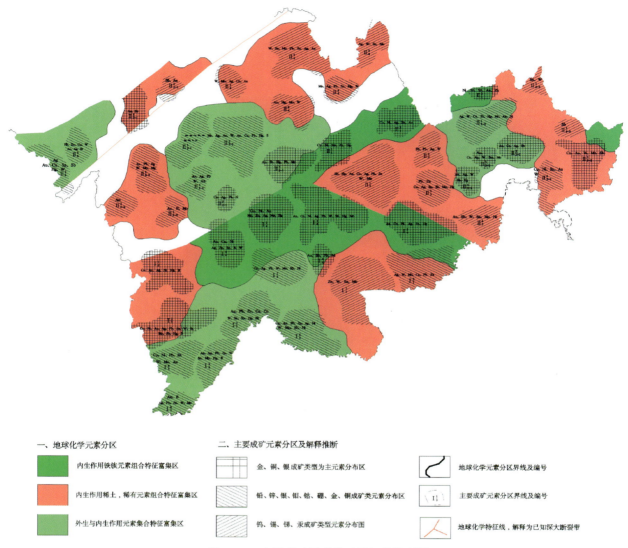

图 3-3-9 主要成矿元素分区及解释推断图

2. 元素的浓集特征

应用 1:20 万化探数据,计算全省 8 个地质子区的元素算术平均值,见图 3-3-10。通过与全省元素算术平均值和地壳克拉克值对比,可以进一步量化吉林省 39 种地球化学元素(氧化物)区域性的分布趋势和浓集特征。

全省 39 种元素(氧化物)在中东部地区的总体分布态势及在 8 个地质子区中的平均分布特征,按照元素平均含量从高到低排序为 $SiO_2-Al_2O_3-F_2O_3-K_2O-MgO-CaO-NaO-Ti-P-Mn-Ba-F-Zr-Sr-V-Zn-Sn-U-W-Mo-Sb-Bi-Cd-Ag-Hg-Au$,表现出造岩元素→微量元素→成矿系列元素的总体变化趋势,说明全省 39 种元素(氧化物)在区域上的分布分配符合元素在空间上的变化规律,这对研究吉林省元素在各种地质体中的迁移富集贫化具有重要意义。

从整体上看,主要成矿元素 Au、Cu、Zn、Sb 在 8 个子区内的均值比地壳克拉克值要低。Au 元素能够在吉林省重要的成矿带上富集成矿,说明 Au 元素的富集能力超强,而且在另一方面也表明在吉林省重要的成矿带上,断裂构造非常发育,岩浆活动极其频繁,使得 Au 元素在后期叠加地球化学场中变异、分散的程度更强烈。

Cu、Sb元素在8个子区内的分布呈低背景状态,而且其富集能力较Au元素弱,因此Cu、Sb元素在吉林省重要的成矿带上富集成矿的能力处于弱势,成矿规模偏小。

而Pb、W、稀土元素均值高于地壳克拉克值,显示高背景值状态,对成矿有利。

图3-3-10 吉林省地质子区划分示意图

特别需要说明的是,第⑦地质子区为长白山火山岩覆盖层,属特殊景观区,Nb、La、Y、Be、Th、Zr、Ba、W、Sn、Mo、F、Na_2O、K_2O、Au、Cu、Pb、Zn等元素(氧化物)均呈高背景值状态分布,是否具备矿化富集需进一步研究。

8个地质子区均值与地壳克拉克值的比值大于1的元素有As、B、Zr、Sn、Be、Pb、Th、W、Li、U、Ba、La、Y、Nb、F。如果按属性分类,Ba、Zr、Be、Th、W、Li、U、Ba、La、Nb、Y均为亲石元素,与酸碱性的花岗岩浆侵入关系密切。在②地质子区、③地质子区、④地质子区中广泛分布。As、Sn、Pb为亲硫元素,是热液型硫化物成矿的反映,查看异常图,As、Sn、Pb在②地质子区、③地质子区、④地质子区亦有较好的展现。尤其是As为4.19,B为4.01,显示出较强的富集态势,而As为重矿化剂元素,来源于深源构造,对寻找矿体具有直接指示作用。B、F属气成元素,具有较强的挥发性,是酸性岩浆活动的产物,As、B的强富集反映出岩浆活动、构造活动的发育,也反映出吉林省东部山区后生地球化学改造作用的强烈,对吉林省成岩、成矿作用影响巨大。这一点与Au元素富集成矿所表现出来的地球化学意义相吻合。

8个地质子区元素平均值与全省元素平均值比值研究表明,主要成矿元素Au、Ag、Cu、Pb、Zn、Ni相对于吉林省均值,在④地质子区、⑤地质子区、⑥地质子区、⑦地质子区、⑧地质子区的富集系数都大于1或接近1,说明Au、Ag、Cu、Pb、Zn、Ni在这5个地质区域内处于较强的富集状态,即吉林省的台区为高背景值区,是重点找矿区域。区域成矿预测证明④地质子区、⑤地质子区、⑥地质子区、⑦地质子区、⑧地质子区是吉林省贵金属、有色金属的主要富集区域,有名的大型矿床、中型矿床都聚于此。

在②地质子区Ag、Pb富集系数都为1.02,Au、Cu、Zn、Ni的富集系数都接近1,也显示出较好的富集趋势,值得重视。

W、Sb的富集态势总体显示较弱,只在①地质子区、②地质子区、⑥地质子区、⑦地质子区表现出一定富集趋势,表明在表生介质中元素富集成矿的能力呈弱势状态。这与吉林省钨、锑矿产的分布特点相吻合。

稀土元素除 Nb 以外，Y、La、Zr、Th、Li 在①地质子区、②地质子区和⑦地质子区、⑧地质子区的富集系数都大于 1 或接近 1，显示一定的富集状态，是稀土矿预测的重要区域。

Hg 是典型的低温元素，可作为前缘指示元素用于评价矿床剥蚀程度。此外，作为远程指示元素，是预测深部盲矿的重要标志。Hg 元素富集系数大于 1 的子区有③地质子区、⑤地质子区、⑥地质子区，显示 Hg 元素在吉林省主要的成矿区，用于 Au、Ag、Cu、Pb、Zn 可起到重要作用。

F 作为重要的矿化剂元素，在⑥地质子区、⑦地质子区、⑧地质子区中有较明显的富集态势，表明 F 元素在后期的热液成矿中，对 Au、Ag、Cu、Pb、Zn 等主成矿元素的迁移、富集起到非常重要的作用。

（二）区域地球化学场特征

吉林省可以划分为以铁族元素为代表的同生地球化学场；以稀有、稀土元素为代表的同生地球化学场以及亲石、碱土金属元素为代表的同生地球化学场。本次工作根据元素的因子分析图显示，对以往的构造地球化学分区进行适当修整，结果见图 3-3-11。

图 3-3-11　吉林省中东部地区同生地球化学场分布图（据金丕兴和何启良，1992）

三、区域遥感特征

（一）区域遥感特征分区及地貌分区

吉林省遥感影像是利用 2000—2002 年接收的吉林省内 22 景 ETM 数据经计算机录入、融合、校正并镶嵌后，选择 B7、B4、B3 三个波段分别赋予红色、绿色、蓝色后形成的假彩色图像。

吉林省的遥感影像特征可按地貌类型分为长白山中低山区，包括张广才岭、龙岗山脉及其以东的广大区域，遥感图像上主要表现为绿色、深绿色，中山地貌。除山间盆地谷地及玄武岩台地外，其他地区地形切割较深，地形较陡，水系发育；长白山低山丘陵区，西部以大黑山西麓为界，东至蛟河-辉发河谷地，多由海拔 500m 以下的缓坡宽谷的丘陵组成，沿河一带发育成串的小盆地群或长条形地堑，其遥感影像特征主要表现为绿色—浅绿色，山脚及盆地多显示为粉色或藕荷色，低山丘陵地貌，地形坡度较缓，冲沟较浅，植被覆盖度为 30%～70%；大黑山条垒以西至白城西岭下镇，为松辽平原部分，东部为台地平原区，又称大黑山台地。

低平原区，地面高度在 200～250m 之间，地形呈波状或浅丘状；西部为低平原区，又称冲积湖积平原或低原区,该区地势最低,海拔为110~160m,为大面积冲湖积物,湖泡周边及古河道发生极强的土地盐渍化,遥感图像上显示为粉色、浅粉色及粉白色,西南部发育土地沙化,呈沙垄、沙丘等,遥感图像上为砖红色条带状或不规则块状;岭下镇以西为大兴安岭南麓,属低山丘陵区,遥感图像上显示为红色及粉红色,丘陵地貌,多以浑圆状山包显示,冲沟极浅,水系不甚发育。

(二)区域地表覆盖类型及其遥感特点

长白山中低山区及低山丘陵区,植被覆盖度高达70%,并且多以乔、灌木林为主,遥感图像上主要表现为绿色、深绿色;盆地或谷地主要表现为粉色或藕荷色,主要被农田覆盖;松辽平原区,东部为台地平原,此区为大面积新生界冲洪积物,为吉林省重要产粮基地,地表被大面积农田覆盖,遥感图像上为绿色或紫红色;西部为低平原区,又称冲积湖积平原或低原区,该区地势最低,海拔为110~160m,为大面积冲湖积物,湖泡周边及古河道发生极强的土地盐渍化,遥感图像上显示为粉色、浅粉色及粉白色,西南部发育土地沙化,呈沙垄、沙丘等,遥感图像上为砖红色条带状或不规则块状;岭下镇以西,为大兴安岭南麓,属低山丘陵区,植被较发育,多以低矮草地为主,遥感图像上显示为浅绿色或浅粉色。

(三)区域地质构造特点及其遥感特征

吉林省地跨两大构造单元,大致以开原—山城镇—桦甸—和龙连线为界,南部为中朝准地台,北部为天山-兴安地槽区,槽台之间为一规模巨大的超岩石圈断裂带(华北地台北缘断裂带),遥感图像上主要表现为近东西走向的冲沟、陡坎、两种地貌单元界线,并伴有与之平行的糜棱岩带形成的密集纹理。

吉林省内的大型断裂全部表现为北东走向,它们多为不同地貌单元的分界线,或对区域地形、地貌有重大影响,遥感图像上多表现为北东走向的大形河流、两种地貌单元界线,北东向排列陡坎等。

吉林省内中型断裂表现在多方向上,主要有北东向、北西向、近东西向和近南北向,它们以成带分布为特点,单条断裂长十几千米至几十千米,断裂带长几十千米至百余千米,遥感影像特征主要表现为冲沟、山鞍、洼地等,控制二级、三级水系。吉林省内小型断裂遍布低山丘陵区,规模小,分布规律不明显,断裂长几千米至十几千米或数十千米,遥感图像上主要表现为小型冲沟、山鞍或洼地。

吉林省的环状构造比较发育,遥感图像上多表现为环形或弧形色线、环状冲沟、环状山脊,偶尔可见环形色块,其规模从几千米到几十千米,大者可达数百千米,其分布具有较强的规律性,主要分布于北东向线性构造上,尤其是该方向线性构造带与其他方向线性构造带交会部位,环形构造成群分布;块状影像主要为北东向相邻线性构造形成的挤压透镜体以及北东向线性构造带与其他方向线性构造带交会,形成棱形块状或眼球状块体,其分布明显受北东向线性构造带控制。

四、区域自然重砂特征

(一)区域自然重砂矿物特征及其分布规律

1. 铁族矿物:磁铁矿、黄铁矿、铬铁矿

磁铁矿在中东部地区分布较广,以放牛沟地区、头道沟—吉昌地区、塔东地区、五凤预地区以及闹枝—棉田地区集中分布。

磁铁矿的这一分布特征与吉林省航磁ΔT等值线相吻合;黄铁矿主要分布在通化、白山及龙井、图们地区。

铬铁矿分布较少,只在香炉碗子—山城镇地区、刺猬沟—九三沟地区和金谷山—后底洞地区展现。

2. 有色金属矿物：白钨矿、锡石、方铅矿、黄铜矿、辰砂、毒砂、泡铋矿、辉钼矿、辉锑矿

白钨矿是吉林省分布较广的重砂矿物，主要分布在吉林省中东部地区中部的辉发河-古洞河东西向复杂成矿构造带上，即红旗岭-漂河川成矿带、柳河-那尔轰成矿带、夹皮沟-金城洞成矿带和海沟成矿带上。在辉发河-古洞河成矿构造带的西北端的大蒲柴河-天桥岭成矿带、百草沟-复兴成矿带和春化-小西南岔成矿带上也有较集中的分布。在吉林地区的江蜜峰镇、天岗镇、天北镇以及白山地区的石人镇、万良镇亦有少量分布。

锡石主要分布在中东部地区的北部，以福安堡、大荒顶子和柳树河—团北林场最为集中，中部地区的漂河川及刺猬沟—九三沟有零星分布。

方铅矿作为重砂矿物主要分布在矿洞子—青石镇地区、大营—万良地区和荒沟山—南岔地区，其次是山门地区、天宝山地区和闹枝—棉田地区。而夹皮沟—溜河地区、金厂镇地区有零星分布。

黄铜矿集中分布在二密—老岭沟地区，部分分布在赤柏松—金斗地区、金厂地区和荒沟山—南岔地区；在天宝山地区、五凤地区、闹枝—棉田地区呈零星分布状态。

辰砂在中东部地区分布较广，山门-乐山、兰家-八台岭成矿带，那丹伯——座营、山河-榆木桥子、上营-蛟河成矿带，红旗岭-漂河川、柳河-那尔轰、夹皮沟-金城洞、海沟成矿带，大蒲柴河-天桥岭、百草沟-复兴、春化-小西南岔成矿带以及二密-靖宇、通化-抚松、集安-长白成矿带都有较密集的分布，是金矿、银矿、铜矿、铅锌矿评价预测的重要矿物之一。

毒砂、泡铋矿、辉钼矿、辉锑矿在中东部地区分布稀少，其中，毒砂在二密—老岭沟地区以一小型汇水盆地出现，刺猬沟—九三沟地区、金谷山—后底洞地区及其北端以零星状分布。泡铋矿集中分布在五凤地区和刺猬沟—九三沟地区及其外围。辉钼矿以零星点状分布在石咀—官马地区、闹枝—棉田地区和小西南岔—杨金沟地区中。辉锑矿以4个点异常分布在万宝地区。

3. 贵金属矿物：自然金、自然银

自然金与白钨矿的分布状态相似，以沿着敦密断裂带及辉发河—古洞河东西向复杂构造带分布为主，在其两侧亦有较为集中的分布。从分级图上看，整体分布态势可归纳为4个部分：一是沿石棚沟—夹皮沟—海沟—金城洞—一线呈带状分布，二是在矿洞子—正岔—金厂—二密一带，三是分布于五凤—闹枝—刺猬沟—杜荒岭—小西南岔一带，四是沿山门—放牛沟到上河湾呈零星状态分布。第一部分近东西向横贯吉林省中部区域，称为中带；第二部分位于吉林省南部，称为南带；第三部分在吉林省东北部延边地区，称为北带；第四部分在大黑山条垒一线，称为西带。

自然银只有2个高值点异常，分布在矿洞子—青石镇地区北侧。

4. 稀土矿物：独居石、钍石、磷钇矿

独居石在吉林省中东部地区分布广泛，分布在万宝-那金成矿带，山门-乐山、兰家-八台岭成矿带，那丹伯——座营、山河-榆木桥子、上营-蛟河成矿带，红旗岭-漂河川、柳河-那尔轰、夹皮沟-金城洞、海沟成矿带，大蒲柴河-天桥岭、百草沟-复兴、春化-小西南岔成矿带，二密-靖宇、通化-抚松、集安-长白等成矿带，整体呈条带状分布。

钍石分布比较明显，主要集中在五凤地区、闹枝—棉田地区，山门—乐山、兰家—八台岭地区，那丹伯——座营、山河—榆木桥子、上营—蛟河地区。

磷钇矿分布较稀少，而且零散，主要分布在福安堡地区、上营地区的西侧，大荒顶子地区西侧，漂河川地区北端，万宝地区。

5. 非金属矿物：磷灰石、重晶石、萤石

磷灰石在吉林省中东部地区分布最为广泛，主要体现在整个中东部地区的南部。以香炉碗子—石棚沟—夹皮沟—海沟—金城洞一带集中分布，而且分布面积大，沿复兴屯—金厂—赤柏松—二密一带也分布有较大规模的磷灰石；椅山-湖米预测工作区及外围、火炬丰预测工作区及外围、闹枝-棉田预测工作区有部分分布。其他区域磷灰石以零散状存在。

重晶石亦主要存在于东部山区的南部，呈两条带状分布，即古马岭—矿洞子—复兴屯—金厂和板石沟—浑江南—大营—万良。椅山—湖米地区、金城洞—木兰屯地区和金谷山—后底洞地区以零星状分布。

萤石只在山门地区和五凤地区以零星点状形式存在。

以上 20 种重砂矿物均分布在吉林省中东部地区，其分布特征与不同时代的岩性组合、侵入岩的不同岩石类型都具有一定的内在联系。以往的研究表明，这 20 种重砂矿物在白垩系、侏罗系、二叠系、寒武系—石炭系、震旦系以及太古宇中都有不同程度的存在。古元古界集安岩群和老岭岩群作为吉林省重要的成矿建造层位，其重砂矿物分布众多，重砂异常发育，与成矿关系密切。燕山期和海西期侵入岩在吉林省中东部地区大面积出露，其中的重砂矿物如自然金、白钨矿、辰砂、方铅矿、重晶石、锡石、黄铜矿、毒砂、磷钇矿、独居石等都有较好地展现，而且在人工重砂取样中也达到较高的含量。

第四章 预测评价技术思路

一、指导思想

以科学发展观为指导,以提高吉林省稀土矿产资源对经济社会发展的保障能力为目标,以先进的成矿理论为指导,以全国矿产资源潜力评价项目总体设计书为总纲,以 GIS 技术为平台规范而有效的资源评价方法与技术为支撑,以地质矿产调查、勘查以及科研成果等多元资料为基础,在中国地质调查局及全国矿产资源潜力评价项目办公室的统一领导下,采取专家主导,产学研相结合的工作方式,全面、准确、客观地评价吉林省稀土矿产资源潜力,提高对吉林省区域成矿规律的认识水平,为吉林省及国家编制中长期发展规划、部署矿产资源勘查工作提供科学依据及基础资料,同时通过工作完善资源评价理论与方法,并培养一批科技骨干及综合研究队伍。

二、工作原则

坚持尊重地质客观规律实事求是的原则;坚持一切从国家整体利益和地区实际情况出发,立足当前,着眼长远,统筹全局,兼顾各方的原则;坚持全国矿产资源潜力评价"五统一"的原则;坚持由点及面、由典型矿床到预测区逐级研究的原则;坚持以基础地质成矿规律研究为主,以磁测、化探、遥感、自然重砂多元信息并重的原则;坚持由表及里的原则,由定性到定量的原则;坚持充分发挥各方面优势尤其是专家的积极性,产学研相结合的原则;坚持既要自主创新,符合地区地质情况,又可进行地区对比和交流的原则;坚持全面覆盖、突出重点的原则。

三、技术路线

充分收集以往的地质矿产调查、勘查、磁测、化探、自然重砂、遥感以及科研成果等多元资料;以成矿理论为指导,开展区域成矿地质背景、成矿规律、磁测、化探、自然重砂、遥感多元信息研究,编制相应的基础图件,以Ⅳ级成矿区(带)为单位,深入全面总结主要矿产的成矿类型,研究以成矿系列为核心内容的区域成矿规律;全面利用物探、化探、遥感所显示的地质找矿信息;运用体现地质成矿规律内涵的预测技术,全面全过程应用 GIS 技术,在Ⅳ、Ⅴ级成矿区内圈定预测区的基础上,实现吉林省稀土矿资源潜力评价。预测工作流程见图 4-1-1。

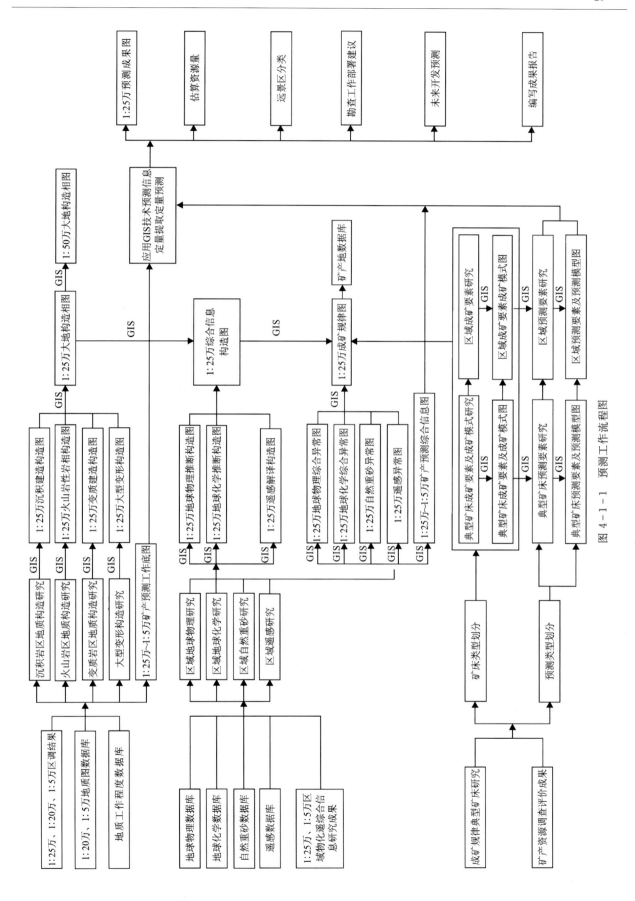

图 4-1-1 预测工作流程图

第五章　成矿地质背景研究

第一节　技术流程

(1)明确任务,学习全国矿产资源潜力评价项目地质构造研究工作技术要求等有关文件。

(2)收集有关的地质、矿产资料,特别注意收集最新的有关资料,编绘实际地质图。

(3)编绘过程中,以1∶25万综合建造构造图为底图,再以预测工作区1∶5万区域地质图的地质资料加以补充,将收集到的与风化壳型稀土矿矿床有关的资料编绘于图中。

(4)明确目标地质单元,划分图层,以明确的目标地质单元为研究重点,同时研究控矿构造,矿化、蚀变等内容。

(5)图面整饰,按统一要求,制作图示、图例。

(6)编图:遵照沉积岩、变质岩、岩浆岩研究工作要求进行编图。要将与相应类型稀土矿形成有关的地质矿产信息较全面地标绘在图中,形成预测底图。

(7)编写说明书:按照统一要求的格式编写。

(8)建立数据库:按照规范要求建立数据库。

第二节　建造构造特征

预测区位于天山-兴蒙-吉黑造山带（Ⅰ）,包尔汉图-温都尔庙弧盆系（Ⅱ）,清河-西保安-江域岩浆弧（Ⅲ）内。

1. 沉积建造

预测区内的沉积建造主要包括下白垩统大拉子组出露的灰黄色砾岩,在东北隅和东南隅分布;第四纪上更新统Ⅱ级阶地冲洪积物的砂砾石层和亚黏土层;第四纪全新统Ⅰ级阶地、河床及河漫滩,其均为砂砾层组成。

2. 火山岩建造

预测区内的火山岩建造仅有船底山组的玄武岩出露,岩性为灰黑色斑状玄武岩和橄榄玄武岩。

3. 侵入岩建造

预测区内分布早侏罗世花岗闪长岩,即为东清岩体,被中侏罗世二长花岗岩侵入,与早侏罗世二长花岗岩呈断层接触。

早侏罗世花岗闪长岩岩性为中细粒花岗闪长岩,岩体的中心部位为中粒花岗闪长岩。

早侏罗世二长花岗岩岩性为中粒二长花岗岩,在东北部永富村一带出露,以岩基产出。

中侏罗世二长花岗岩岩性为中细粒二长花岗岩,分布于东清村以西,珍珠门电站西部,呈岩株产出。

区内脉岩发育程度较低,仅有两条脉岩产出:一条为花岗伟晶岩,分布于西北岔北北西 2.8km 处,该脉岩走向为北北东,长 180m,宽约 60m;另一条为细晶岩,分布于东清村北西 2.5km 处,该脉岩走向为北西西,长 230m,宽 70m。

4. 变质岩建造

区内变质岩仅有新太古界老牛沟岩组的灰绿色斜长角闪岩、角闪变粒岩及磁铁石英岩,新元古界东方岩组的变质流纹岩、黑云母石英片岩、绿泥角闪片岩呈小面积分布。

第六章 典型矿床与区域成矿规律研究

第一节 技术流程

一、典型矿床研究技术流程

(1)典型矿床的选取,选取具有一定规模、有代表性、未来资源潜力较大、在现有经济或选冶技术条件下能够开发利用,或技术改进后能够开发利用的矿床。

(2)从成矿地质条件、矿体空间分布特征、矿石物质组分与结构构造、矿石类型、成矿期次、成矿时代、成矿物质来源、控矿因素和找矿标志、矿床的形成及就位演化机制9个方面对典型矿床进行系统地研究。

(3)从岩石类型、成矿时代、成矿环境、构造背景、矿物组合、结构构造、控矿条件7个方面总结典型矿床的成矿要素,建立典型矿床的成矿模式。

(4)在典型矿床成矿要素研究的基础上叠加地球化学、地球物理、重砂、遥感及找矿标志,形成典型矿床预测要素,建立预测模型。

(5)以典型矿床不低于1:1万综合地质图为底图,编制典型矿床成矿要素图、预测要素图。

二、区域成矿规律研究技术流程

广泛搜集区域上与稀土矿有关的矿床、矿点、矿化点的勘查和科研成果,按如下技术流程开展区域成矿规律研究:①确定矿床的成因类型;②研究成矿构造背景;③研究控矿因素;④研究成矿物质来源;⑤研究成矿时代;⑥研究区域所属成矿区(带)及成矿系列;⑦编制成矿规律图件。

花岗岩呈断层接触。

早侏罗世花岗闪长岩岩性为中细粒花岗闪长岩,岩体的中心部位为中粒花岗闪长岩。

早侏罗世二长花岗岩岩性为中粒二长花岗岩,在东北部永富村一带出露,以岩基产出。

中侏罗世二长花岗岩岩性为中细粒二长花岗岩,分布于东清村以西,珍珠门电站西部,呈岩株产出。

区内脉岩发育程度较低,仅有两条脉岩产出:一条为花岗伟晶岩,分布于西北岔北北西2.8km处,该脉岩走向为北北东,长180m,宽约60m;另一条为细晶岩,分布于东清村北西2.5km处,该脉岩走向为北西西,长230m,宽70m。

4. 变质岩建造

区内变质岩仅有新太古界老牛沟岩组的灰绿色斜长角闪岩、角闪变粒岩及磁铁石英岩,新元古界东方岩组的变质流纹岩、黑云母石英片岩、绿泥角闪片岩呈小面积分布。

第六章　典型矿床与区域成矿规律研究

第一节　技术流程

一、典型矿床研究技术流程

(1)典型矿床的选取,选取具有一定规模、有代表性、未来资源潜力较大、在现有经济或选冶技术条件下能够开发利用,或技术改进后能够开发利用的矿床。

(2)从成矿地质条件、矿体空间分布特征、矿石物质组分与结构构造、矿石类型、成矿期次、成矿时代、成矿物质来源、控矿因素和找矿标志、矿床的形成及就位演化机制9个方面对典型矿床进行系统地研究。

(3)从岩石类型、成矿时代、成矿环境、构造背景、矿物组合、结构构造、控矿条件7个方面总结典型矿床的成矿要素,建立典型矿床的成矿模式。

(4)在典型矿床成矿要素研究的基础上叠加地球化学、地球物理、重砂、遥感及找矿标志,形成典型矿床预测要素,建立预测模型。

(5)以典型矿床不低于1∶1万综合地质图为底图,编制典型矿床成矿要素图、预测要素图。

二、区域成矿规律研究技术流程

广泛搜集区域上与稀土矿有关的矿床、矿点、矿化点的勘查和科研成果,按如下技术流程开展区域成矿规律研究:①确定矿床的成因类型;②研究成矿构造背景;③研究控矿因素;④研究成矿物质来源;⑤研究成矿时代;⑥研究区域所属成矿区(带)及成矿系列;⑦编制成矿规律图件。

第二节 典型矿床地质特征

一、典型矿床选取及其特征

根据项目工作要求,研究区内的典型矿床必须选择矿床的矿石质量和数量、地质特征、成矿条件等具有代表性,在一定的时空演化域中形成的成矿系列中占有重要位置的矿床。本次典型稀土矿床的选取为风化壳型砂矿,代表矿床为安图东清稀土矿。矿区范围为东清、西清沟河及其支流所塑造的狭窄弯曲的河流谷地及两侧的侵蚀剥蚀低山地形。

1. 地质构造环境及成矿条件

预测区位于天山-兴蒙-吉黑造山带(Ⅰ),包尔汉图-温都尔庙弧盆系(Ⅱ),清河-西保安-江域岩浆弧(Ⅲ)内。

1)地层

志留系—泥盆系片岩、片麻岩呈孤岛状残存于东清以东及海沟以西大面积花岗岩中;下二叠统庙岭组一套浅海相碎屑沉积岩夹透镜状碳酸盐岩,上部柯岛组—开山屯组火山碎屑岩夹正常沉积岩;沿东西向东清花岗岩体及北西向混合岩化带南、北两侧出露,部分呈残留体零星出露于花岗岩中;中生界主要分布于万宝-西北岔、永庆-四岔子盆地,主要为火山-陆相碎屑岩夹含煤岩系。

2)侵入岩

区域侵入岩分布面积最大的为燕山中期钾长花岗岩及二长花岗岩,另为海西晚期黑云母花岗岩、黑云母斜长花岗岩及花岗闪长岩。

(1)燕山中期钾长花岗岩及二长花岗岩:以大的岩基及大小不等的岩株产出,贯入海西晚期花岗岩中,或侵入、捕房中生界,边缘形成程度不同的钾长石化及混合岩化带。

(2)海西晚期黑云母花岗岩、黑云母斜长花岗岩:呈岩基产出且面积最大者为东清花岗岩体,其次见有真石人沟、石人沟及万宝镇以北。东清花岗岩体长轴方向近东西,长约20km,宽5~10km。矿区部分南侧与混合花岗岩为构造接触,北部与燕山期钾长花岗岩呈侵入接触。

东清岩体主要为中—中粗粒似斑状黑云母斜长花岗岩及二长花岗岩。边缘相具有钾长石化部分较不具钾长石化的细—细中粒黑云母斜长花岗岩的独居石含量低。从人工重砂及自然重砂分析,独居石含量很不均匀,但过渡相中磷钇矿、石榴子石含量较高,而独居石含量较边缘相减少。该期花岗岩富含独居石等有益副矿物,原生矿无工业意义,经风化剥蚀作用,可在其上部风化壳及附近河谷中形成具有工业意义的残坡积及冲积类型砂矿床。

根据采自东清矿区黑云母斜长花岗岩体不同相带岩石化学分析结果(表6-2-1),矿区黑云母斜长花岗岩均属铝过饱和类型,与延边地区同期黑云母斜长花岗岩的平均化学成分相比,SiO_2、Na_2O、K_2O含量偏高,Fe、Mg、Ca、TiO含量较低。相当于边缘相的细粒、中细粒黑云母斜长花岗岩,较过渡相的中粒、中粗粒似斑状黑云母斜长花岗岩 Fe_2O_3、CaO、MgO及稀土总量偏高,而 SiO_2、Na_2O、K_2O 则偏低。属边缘相的细中粒、中粒似斑状黑云母斜长花岗岩化学成分的主要特点是CaO、Al_2O_3 含量偏高,SiO_2 含量更低,似与混染同化围岩物质有关。

(3)脉岩:花岗伟晶岩,副矿物有铁铝石榴子石、独居石、磷灰石、锆石。根据人工重砂资料,独居石

表 6-2-1　岩石化学全分析表　　　　　　　　　　　　　　　　　　　　　　　　　　单位:%

名称	细粒、细中粒黑云母斜长花岗岩	细中—中粒似斑状黑云母斜长花岗岩	中—中粗粒似斑状黑云母斜长花岗岩	中—中粗粒似斑状黑云母斜长花岗岩	中—中粗粒似斑状黑云母斜长花岗岩
SiO_2	73.30	73.04	73.32	74.60	73.90
TiO_2	0.20	0.15	0.15	0.10	0.10
Al_2O	15.541	15.766	15.527	16.266	15.247
Fe_2O	0.92	0.53	0.10	0.16	0.00
FeO	0.96	1.43	1.59	0.91	1.63
MnO	0.03	0.01	0.08	0.15	0.17
MgO	0.62	0.10	0.28	0.28	0.07
CaO	1.29	2.45	1.29	0.38	0.96
Na_2O	3.63	3.69	3.92	3.91	4.14
K_2O	2.11	2.26	2.82	2.70	2.59
P_2O_5	0.03	0.04	0.06	0.04	0.07
CO_2	0.18	0.04	0.34	0.15	0.41
H_2O	1.17	0.48	0.51	0.74	0.70
S	0.01	0.01	0.01	0.01	0.01
TR	0.009	0.004	0.003	0.006	0.003

最高含量达 $103g/m^3$，一般为 $20\sim40g/m^3$，铁铝石榴子石最高含量达 $9982g/m^3$，一般为 $1000g/m^3$；花岗细晶岩，副矿物有石榴子石、锆石、磷灰石及独居石。石榴子石最高含量达 $14\,284g/m^3$，独居石含量为 $15\sim25g/m^3$。

3）构造

本区构造以断裂为主，其中规模最大、活动时间最长者，为沿混合花岗岩与黑云斜长花岗岩间接触面展布的压性断裂带，该断裂带的走向为北西 300°左右，倾向南西，陡倾斜，局部直立或反倾斜。这一产状特征基本上与混合花岗岩的片麻理产状一致。断裂破碎带的宽度在 $10\sim35m$ 间，两侧岩石具片理化及压碎现象，带内高岭土化强烈，并夹有破碎岩石的构造透镜体。与北西向压性断裂带相伴生的断裂有走向北东 30°～40°及近南北向、北东东向 3 组。

4）地貌及第四纪地质

矿区地形最大海拔标高为 811.5m(北大顶子)，相对高度为 $100\sim300m$，属低山浅切割区。因东清、西清沟河南侧多为抗风化能力强的混合花岗岩类岩石，故地势较高，坡度较陡。北侧以黑云斜长花岗岩为主，易受风化剥蚀，形成地势较为低缓。

东清、西清沟河间有一北东向分水岭相隔，两侧水流自北向南汇集至混合花岗岩与黑云斜长花岗岩接触界线附近转折成近东西向相背流去，分别注入东侧的古洞河和西侧的富尔河。

矿区范围为东清、西清沟河及其支流所塑造的狭窄弯曲的河流谷地及两侧的侵蚀剥蚀低山地形。

1）河谷堆积地形及其沉积物

东清、西清沟河流程短，仅 $10\sim12km$，河水流量较小，河谷弯曲、狭窄，最大宽度350m，最窄处仅数10m。河谷地形发育不全，仅在东清河下游形成地形。

河漫滩及其沉积物：河漫滩是河谷地形的主要组成部分，因河流较小，河漫滩虽较连续但除下游外均不太发育,最大宽度200m,最小仅数10m,且多不对称,多分布于河流的北侧或东侧。河漫滩与河流高差约0.5m,表面较平缓,倾向河流及下流方向,倾角2°~4°。中下游纵向坡度为0.8%,上游为1.07%左右。河漫滩表面多为沼泽化湿地,其后缘被洪积物广泛覆盖,使之抬高并有起伏。河漫滩沉积物为现代河谷的冲积产物,来源于两侧及上游的原岩风化物及坡洪积物。最大堆积厚度4m左右,最小1.5m左右。岩性自上而下为:①表层淤泥质黏土、亚砂土,或称沼泽土、腐殖土层。黑色、褐色,含大量植物根、腐殖质。独居石含量微少且粒细,一般不超过$10g/m^3$。该层平均厚度0.3~0.6m。②中部为多呈透镜体产出的黏土质,青灰色,含细砂及少量碎石,独居石少—微量。③下部砂砾石,为多层砂砾石综合体,于东清沟中下游,该层砂砾石可分为上、下两层,其间被一层0.2~1m厚的青灰色淤泥所隔。上层砂砾石为黄色,以砾径1~3mm的砾石为主,砾石含量占50%~70%,砾径大于3mm的砾石约占砾石总量的30%,多呈次棱角状,磨圆度差。砾石主要成分为黑云斜长花岗岩、伟晶岩、细晶岩等,混合花岗岩砾石主要见于中下游。上层砂砾石平均厚度1m左右,独居石含量一般皆大于$100g/m^3$;下层砂砾石为灰色,砾石含量占40%~60%,以砾径3mm以下者为主,大于3mm的砾石约占砾石总量的10%左右。砾石成分与上层砂砾石无区别,平均厚度1~2m,是独居石含量最高的层位,最高品位达1 100.63g/m^3。两层砂砾石至上游则无明显界线。下部砂砾石的底部为风化基岩,中、上游底部基岩为黑云斜长花岗岩,个别为伟晶岩、细晶岩。下游底部基岩为混合花岗岩、混合岩。

Ⅰ级堆积阶地及其堆积物:Ⅰ级阶地于东清沟下游有零星分布,并多见于河流北侧,既不对称也不连续。最大宽度100m,最小约30m,阶面高出河漫滩0.5~1.5m不等。部分因受耕地改造及坡洪积物覆盖而与河漫滩呈过渡状态,无明显陡坎。Ⅰ级阶地表面多被支沟切割破坏,表面起伏不平,坡角一般在3°~5°之间,最大达7°。Ⅰ级阶地沉积物一般厚4~5m,最大达6m。表层多为坡洪积物——含砂、碎石的黏土质所覆盖。砂砾石是阶地的主要沉积物,最大厚度4.5m。该层砂砾石也是单层为0.25~0.5m的砂砾石层的综合体,由此说明河流摆动较大,沉积旋回较多。组成砂砾石的成分与河漫滩的砂砾石相似,仅颜色为黄色—褐黄色,砾石磨圆度稍高。独居石含量约为$100g/m^3$。

Ⅱ级阶地:见于东清沟下游。河流南侧的Ⅱ级阶地在下游较连续,仅部分被支沟切割破坏。最大宽度100m,与河漫滩高差为3~12m。阶坡高而陡,坡度35°~40°,局部地段基岩裸露。北侧的Ⅱ级阶地极不发育,最大宽度50m,前缘与河漫滩高差3~4m,阶面较平缓。Ⅱ级阶地的沉积物因受后期地质作用而被破坏。上部为坡积的砂碎石及少量薄层黏土物质,下部局部保存有厚度不大的砂石、砾石。含矿性较河漫滩及Ⅰ级阶地砂砾石均差。

2)侵蚀剥蚀低山地貌及其堆积物

矿区除狭窄弯曲的河谷地形外,均为侵蚀剥蚀低山地形,矿区外围(北部)属中山地形;全区地貌景观为北高南低,自中间(分水岭)向南东和向西逐渐开阔,矿区地形与岩性关系较为密切。前已述及,黑云母斜长花岗岩分布区地势平缓,山顶、山脊多呈浑圆形。混合花岗岩分布区山势较陡;第四纪沉积物以残坡积为主,该层于黑云母斜长花岗岩分布范围以内,普遍独居石等有用矿物部分构成工业矿体,其组成物质自上而下依次为腐殖土层,含砂、碎石黏土层及砂碎石层,向上为由黑云母斜长花岗岩强烈风化产物组成的残积层。两者之间多为渐变过渡关系,部分可以残积层顶面高岭土带区分。坡积层的厚度自山脊向坡脚逐渐加大,一般为1~2m,最大达5m以上。残积层厚度即花岗岩的全风化深度,根据工程验证,一般可达7m以上。但该层在混合花岗岩及一些脉岩上面,厚度仅有1~2m。

除残坡积物外,矿区还广泛分布有洪积物,主要见于各支沟及坡脚,形成的微地貌主要有:①坡积裙,呈条带状分布在山坡脚处,覆盖在支沟洪积物或河漫滩上。宽度一般约50m,最长达600m,厚度3~4m不等。物质成分与坡积层相似,含黏土较多,含矿不均,部分可达边界品位以上;②洪积扇或冲积堆,主要分布于各支沟沟口处,由支沟或山坡暂时性水流携带各种碎屑物堆积而成。沉积物层理不清,分选极差,组成物质为砂、黏土、角砾状砾石等,有用矿物含量不均,一般不富。

2. 矿体三维空间分布特征

东清独居石矿床按成因可以划分为河流冲积及残坡积两种类型（图 6-2-1）。河流冲积型又可以分为河谷砂矿和阶地砂矿。

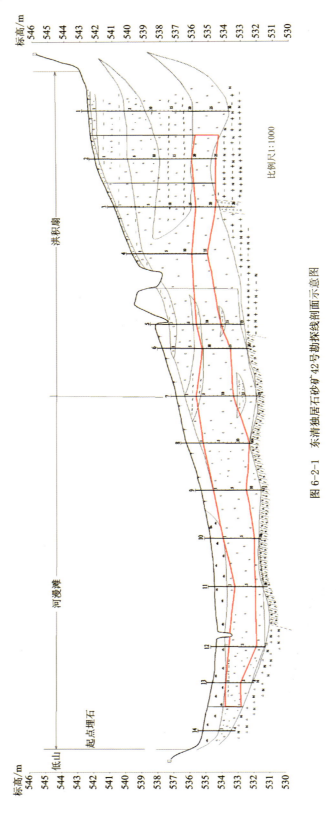

图 6-2-1 东清独居石砂矿 42 号勘探线剖面示意图

河谷砂矿主要分布于东、西清沟现代河谷中。现代河谷的主要地形为河漫滩,河漫滩两侧边缘常有坡积物或洪积物覆盖。Ⅰ级阶地仅在下游断续出现。独居石等有用重矿物主要赋存于河漫滩沉积物中,其次在Ⅰ级阶地坡、洪积物及现代河床冲积物中也都有一定含量。

阶地砂矿主要分布于东清沟下游Ⅱ级阶地上,由于规模小、分散而不具有重要意义。

残坡积砂矿:东清矿区大部分低山残、坡积物中含有独居石等有用矿物,按工业指标可圈定出28个矿体,其分布与黑云母斜长花岗岩中独居石的含量及风化程度有密切关系。

1)冲积河谷砂矿

该类型矿床主要有东清沟Ⅰ号和西清沟Ⅱ号两个连续矿体,按单矿层及混合砂矿两种方案圈定的矿体其平面形态基本相似。

(1)东清沟Ⅰ号矿体:矿体沿沟谷呈树枝状展布,主矿体自11线至23线间走向为北西340°,23线至77线间走向近南北向,矿体总长度约6km。主矿体以西矿体沿支沟有5个分支,以东有4个分支,与主矿体共同组成Ⅰ号连续矿体,累计总长度约15km。

东清沟Ⅰ号矿体单矿层最大宽度310.07m,最小宽度30.67m,平均宽度124.75m,单矿层平均厚度1.86m,矿体平均品位367.14g/m³。混合砂矿体最大宽度310.07m,最小宽度30.67m,平均宽度111.91m,平均厚度3.24m,矿体平均品位236.08g/m³。矿体品位由上游至下游有逐渐变贫趋势。

东清沟Ⅰ号矿体的基岩全部为风化黑云母斜长花岗岩,质地疏松,近顶面富含高岭土质软泥。花岗岩风化砂中普遍含有独居石,局部可达工业品位以上,可以作为砂矿一同开采。基岩顶面或矿层底板横向平坦或稍有起伏,纵向自上而下倾斜,上游及支沟坡度大,主沟向下游方向坡度逐渐变缓。

(2)西清沟Ⅱ号矿体:矿体形态与东清沟Ⅰ号矿体相似。主矿体自42线至53线间走向为近东西向,53线至56线间走向北东40°,56线至93线间走向近南北向,总长度4.5km。主矿体以西有3个近东西向分支,以东有2个分支,与主矿体共同组成Ⅱ号连续矿体,累计总长度约10km。

西清沟Ⅱ号矿体单矿层最大宽度240.01m,最小宽度38.53m,平均宽度107m,单矿层平均厚度1.6m,矿体平均品位254.21g/m³。混合砂矿体最大宽度179.8m,最小宽度20m,平均宽度90m,平均厚度2.8m,矿体平均品位175.51g/m³。矿体伴生有用矿物磷钇矿较多,单矿层品位10.2g/m³,混合砂矿品位6.71g/m³。矿体平均品位上、下游较低,中间53线至91线稍高,东侧支沟品位较高,而上源及西侧支沟低贫。

基岩特征及含矿性与东清沟Ⅰ号矿体,在此不再赘述。

2)残坡积砂矿

该类型矿床主要有4号、18号、27号3个矿体。

(1)4号矿体:位于西清沟以东至东西清沟分水岭间的坡地,是矿区内最大的残坡积型矿体。平面形态不规则。单矿层矿体面积1.2km²,平均厚度1.88m,平均品位142.44g/m³。混合砂矿面积1.02km²,平均厚度2.55m,平均品位133g/m³。矿体厚度、品位无明显变化规律,矿体的底板围岩为风化程度不等的黑云母斜长花岗岩。

(2)18号矿体:位于东清沟西侧,平面形态呈一近东西向延伸的矩形,东西长1.25km,南北宽0.2～0.5km。单矿层矿体面积0.34km²,平均厚度1.73m,平均品位172.84g/m³。混合砂矿面积0.31km²,平均厚度2.11m,平均品位153.57g/m³。

(3)27号矿体:位于矿区南东端,呈一北西向的长条状,长2.25km,最宽0.7km。单矿层矿体面积0.46km²,平均厚度1.63m,平均品位143.43g/m³。混合砂矿面积0.36km²,平均厚度2.09m,平均品位135.46g/m³。矿体品位自北西端向南东端有逐渐变贫的趋势。

3. 矿床物质成分

(1)物质成分:主要稀土工业矿物为独居石,综合利用矿物有磷钇矿和铁铝石榴子石,见表6-2-2、

表 6-2-3。

表 6-2-2　不同类型砂矿床矿物含量表　　　　　　　　　单位:g/m³

名称	冲积砂矿	残坡积砂矿	名称	冲积砂矿	残坡积砂矿
独居石	100～1000	70～250	夕线石	较少	较少
磷钇矿	5～60	3～50	钛铁矿	＜5	微量
铁铝石榴子石	1000～50 000	50～500	磁铁矿	较少	较少
锆石	50～80	30～50	金红石	微量	微量
磷灰石	30～70	20～30	锐钛矿	微量	微量
铌铁矿	零粒至几百粒	较少	板钛矿	微量	微量
铁镁尖晶石	较少至较多	较少	萤石	分布不均	分布不均
透辉石	较少	较少	黑、白云母	较多	较多
角闪石类	较少	较少	褐铁矿	较少	较少
绿帘石	较少	较少	黄铁矿、重晶石	分布不均	分布不均
榍石	较少	较少	石英等轻矿物	很多	很多

表 6-2-3　独居石单矿物化学成分表　　　　　　　　　单位:×10⁻⁶

名称	独-1	独-2	名称	独-1	独-2
P_2O_5	26.00	25.60	Y_2O_3	1.70	1.70
La_2O_3	13.00	12.00	U_3O_8	0.169	0.23
CeO_2	29.67	30.66	ThO_2	6.11	5.73
Pr_6O_{11}	3.33	3.33	Ta_2O_5	0.006	0.01
Nd_2O_3	12.00	11.33	ZrO_2	0.15	0.10
Sm_2O_3	2.00	2.00	Nb_2O_5	0.008	0.005
Eu_2O_3	0.20	0.20	SiO_2	2.45	2.29
Gd_2O_3	1.32	1.32	CaO	0.79	0.81
Tb_4O_7	0.13	0.13	MgO	0.21	0.12
Dy_2O_3	0.26	0.26	Fe_2O_3	0.43	0.53
Ho_2O_3	0.07	0.07	Al_2O_3	0.08	0.27
Er_2O_3	0.20	0.20	TiO_2	0.09	0.35
Tm_2O_3	0.06	0.06	MnO	0.02	0.03
Yb_2O_3	0.13	0.13	PbO	0.026	0.06
Lu_2O_3	0.05	0.05	合计	100.659	99.555

（2）矿石类型:砂矿型。

（3）矿物组合:主要矿物为独居石、磷钇矿、铁铝石榴子石、锆石、磷灰石,少量铌铁矿;造岩矿物有铁镁尖晶石、透辉石、角闪石、绿帘石、榍石、夕线石、钛铁矿、磁铁矿、金红石、锐钛矿、板钛矿、萤石、石英、黑云母、斜长石、钾长石、白云母、褐铁矿、黄铁矿、重晶石等。

4. 成矿阶段

（1）成矿早期：海西晚期侵入岩浆活动形成了富含稀土元素的东清黑云母斜长花岗岩体，构成了区域稀土矿床成矿的母岩。

（2）表生成矿期：富含稀土元素的东清黑云母斜长花岗岩体在表生条件作用下逐步风化，富含稀土元素的重矿物独居石、磷钇矿等被剥蚀带入河流富集形成沉积砂矿，部分原地形成残、坡积砂矿。

5. 成矿时代

东清独居石矿成矿时代为第四纪。

6. 物质来源

东清独居石矿的成矿物质主要来源于海西晚期东清黑云母斜长花岗岩体。

7. 控矿因素及找矿标志

（1）控矿因素：海西晚期黑云母斜长花岗岩及后期的花岗伟晶岩脉，带来成矿物质，控制了稀土矿的成矿物质来源。东清沟、西清沟河及其支流所塑造的狭窄弯曲的河流谷地及两侧的侵蚀剥蚀低山地形是控矿的主要构造。

（2）找矿标志：海西晚期黑云母斜长花岗岩及后期的花岗伟晶岩脉出露区，东清沟、西清沟河及其支流狭窄弯曲的河流谷地及两侧的侵蚀剥蚀低山。

8. 矿床形成及就位机制

海西晚期侵入岩浆活动形成了富含稀土元素的东清黑云母斜长花岗岩体，构成了区域稀土矿床成矿的母岩。在表生条件作用下逐步风化，富含稀土元素的重矿物独居石、磷钇矿等被剥蚀带入河流富集形成沉积砂矿，部分原地形成残坡积砂矿。

二、典型矿床成矿要素特征

1. 典型矿床成矿要素图

本次工作在充分收集矿产普查中发现的稀土矿床，并探讨矿产生成的岩性、岩相、古地理与区域地质构造之间的成因联系，为矿产预测提供了最为直接的信息，并叠加了专业部门提供的物探、化探、遥感资料。

2. 典型矿床成矿要素一览表

典型矿床成矿要素见表6-2-4。

表 6-2-4　安图县东清独居石砂矿矿床成矿要素表

成矿要素特征描述		内容描述	成矿要素类别
		河流冲积及残坡积砂矿	
地质环境	岩石类型	淤泥质黏土、亚砂土,或称沼泽土、腐殖土、砂砾石、黑云斜长花岗岩、伟晶岩	必要
	成矿时代	第四纪	必要
	成矿环境	天山-兴蒙-吉黑造山带（Ⅰ）,包尔汉图-温都尔庙弧盆系（Ⅱ）,清河-西保安-江域岩浆弧（Ⅲ）	必要
	构造背景	东清沟、西清沟河及其支流狭窄弯曲的河流谷地及两侧的侵蚀剥蚀低山地形	重要
矿床特征	矿物组合结构构造	主要矿物为独居石、磷钇矿、铁铝石榴子石、锆石、磷灰石,少量铌铁矿;造岩矿物有铁镁尖晶石、透辉石、角闪石、绿帘石、楣石、夕线石、钛铁矿、磁铁矿、橄榄石、金红石、锐钛矿、板钛矿、萤石、石英、黑云母、斜长石、钾长石、白云母、褐铁矿、黄铁矿、重晶石等	重要
			次要
			重要
	控矿条件	海西晚期黑云母斜长花岗岩及后期的花岗伟晶岩脉,带来成矿物质,控制了稀土矿的成矿物质来源。东清沟、西清沟河及其支流所塑造的狭窄弯曲的河流谷地及两侧的侵蚀剥蚀低山地形是控矿的主要构造	必要

三、典型矿床成矿模式

东清独居石砂矿矿床的成矿模式可以概述为由海西晚期侵入岩浆活动形成了富含稀土元素的东清黑云母斜长花岗岩体,构成了区域稀土矿床成矿的母岩。在表生条件作用下逐渐风化,富含稀土元素的重矿物独居石、磷钇矿等一部分被剥蚀带入河流富集形成沉积砂矿,另一部分原地形成残坡积砂矿（图 6-2-2）。东清独居石砂矿成矿模式见表 6-2-5。

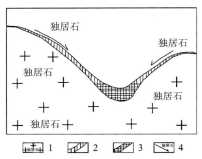

图 6-2-2　东清独居石砂矿成矿模式图

1.富含独居石的花岗岩体；2.残坡积独居石风化壳型矿体；3.冲洪积型独居石矿体；
4.花岗岩风化后独居石矿物的迁移方向

表 6-2-5　安图县东清独居石砂矿床成矿模式

概况	主矿种	独居石	地理位置	大蒲柴河乡
			品位	226.42g/m³
成矿的地质构造环境	天山-兴蒙-吉黑造山带（Ⅰ），包尔汉图-温都尔庙弧盆系（Ⅱ），清河-西保安-江域岩浆弧（Ⅲ）			
控矿的各类及主要控矿因素	海西晚期黑云母斜长花岗岩及后期的花岗伟晶岩脉带来成矿物质，控制了稀土矿的成矿物质来源。东清沟、西清沟河及其支流所塑造的狭窄弯曲的河流谷地及两侧的侵蚀剥蚀低山地形是控矿的主要构造			
矿床的三维空间分布特征	产状	总体走向近南北		
	形态	呈条带状		
	分带	矿体品位有从上游至下游逐渐变贫趋势		
矿床的物质组成	矿石类型	砂矿		
	矿物组合	主要矿物为独居石、磷钇矿、铁铝石榴子石、锆石、磷灰石，少量铌铁矿；造岩矿物有铁镁尖晶石、透辉石、角闪石、绿帘石、榍石、夕线石、钛铁矿、磁铁矿、橄榄石、金红石、锐钛矿、板钛矿、萤石、石英、黑云母、斜长石、钾长石、白云母、褐铁矿、黄铁矿、重晶石等		
	主元素含量	226.42g/m³		
	伴生元素含量	磷钇矿 7.01g/m³		
成矿期次	成矿早期：海西晚期侵入岩浆活动形成了富含稀土元素的东清黑云母斜长花岗岩体，构成了区域稀土矿床成矿的母岩； 表生成矿期：富含稀土元素的东清黑云母斜长花岗岩体在表生条件作用下逐步风化，富含稀土元素的重矿物独居石、磷钇矿等被剥蚀带入河流富集形成沉积砂矿，部分原地形成残坡积砂矿			
矿床的地球物理特征及标志	在 1:25 万布格重力等值线图上，矿床处于槽台接触带上，总体呈东西向带状重力低异常区中部最窄处，该处最低值为 $-60\times10^{-5}\,m/s^2$。南侧为南部重力高异常边部梯度带向北凸起的弧形的顶部。重力低异常区与重力高异常区之间梯度带陡且宽，长度大，反映出区域性深大断裂特征。重力高异常带为古老基底分布区，重力低异常带为花岗闪长岩分布区；在 1:5 万航磁异常图上，矿床位于北西西向条带状负磁异常区北东边部梯度带的外侧梯度变缓并发生北东向错动处。条带状负磁异常区出露有大面积花岗闪长岩			
矿床的地球化学特征及标志	具有亲石、稀有、稀土元素同生地球化学场特征，属于中低山森林景观区。主成矿元素 La 具有清晰的三级分带和明显的浓集中心，异常强度较高，峰值达到 78×10^{-6}，是直接找矿标志。La 组合异常组分复杂，形成复杂元素组分的叠生地球化学场，是成矿的主要场所。La 综合异常具备优良的成矿条件及找矿前景，是重要的找矿靶区。主要的找矿指示元素组合为 La-Y-Zr-Th-Nb，其中 La、Y、Zr 是近矿指示元素，Th、Nb 是远程找矿指示元素			
重砂标志	安图东清独居石砂矿主要由残坡积砂矿构成，其次是河谷冲积形成。主成矿物独居石，综合利用矿物磷钇矿。应用 1:20 万自然重砂测量数据在矿区周围分别圈定上述 3 种矿物的重砂异常，其中，独居石异常面积近 987km²，评定为 Ⅰ级；磷钇矿异常面积为 145.87km²，评定为 Ⅰ级。独居石和磷钇矿重砂异常，矿物含量分级较高，异常规模较大，显示出良好的稀土矿找矿前景			
成矿时代	第四纪			
矿床成因	河流冲积及残坡积			

第三节　预测工作区成矿规律研究

一、预测工作区底图的确定

预测工作区位于吉林省安图县明月镇西南部,东清—西北岔一带东清岩体为早侏罗世花岗岩,在该区呈岩株产出,分布面很大,基本覆盖全预测工作区。区内可见少量中侏罗世二长花岗岩及白垩纪地层、新元古代和新太古代变质岩。在预测工作区内第四纪河流很发育,东部有古洞河,西部为高尔河,并都有较发育的支流,独居石砂矿就分布于这一带。

1. 编图区范围

编图区位于吉林省安图县明月镇西南部永庆小西北岔、东清、珍珠门电站,阳宝太大顶子一带,呈长方形,长 225km,宽 15km。面积为 332.7km²。比例尺 1∶5 万。

2. 地质构造专题底图特征

(1)依据所预测的矿产,将与成矿有关的要素全部标识在图中。
(2)该预测工作区主要预测的是独居石砂矿,在要编制的第四纪地貌地质图,对第四纪河流、河漫滩及阶地进行编制。
(3)要探查独居石砂矿的矿源层,对赋含独居石的花岗岩类及有关脉岩重点阐述。
(4)为描述预测工作区的区域地质概况,编制图的内容包括沉积岩建造综合柱状图、火山岩建造综合柱状图、侵入岩建造综合柱状图和变质岩建造综合柱状图。
(5)对解译应用效果好的部分转为物探、化探、遥感资料。

二、预测工作区成矿要素特征

预测工作区成矿要素特征见表 6-3-1。

表 6-3-1　西北岔预测工作区成矿要素

成矿要素	内容描述	类别
特征描述	河流冲积及残坡积砂矿	必要
岩石类型	淤泥质黏土、亚砂土,或称沼泽土、腐殖土、砂砾石、黑云斜长花岗岩、伟晶岩	必要
成矿时代	第四纪	必要
成矿环境	东清沟、西清沟河及其支流狭窄弯曲的河流谷地及两侧的侵蚀剥蚀低山地形	必要
构造背景	天山-兴蒙-吉黑造山带（Ⅰ）,包尔汉图-温都尔庙弧盆系（Ⅱ）,清河-西保安-江域岩浆弧（Ⅲ）	重要

续表 6-3-1

成矿要素	内容描述	类别
控矿条件	海西晚期黑云母斜长花岗岩及后期的花岗伟晶岩脉带来成矿物质,控制了稀土矿的成矿物质来源。东清沟、西清沟河及其支流所塑造的狭窄弯曲的河流谷地及两侧的侵蚀剥蚀低山地形是控矿的主要构造	必要

三、预测工作区成矿模式

1. 区域地质环境

区内主要河流有福尔河、古洞河和西北岔河,其中西北岔河为古洞河的支流。河曲比较发育。山脉属牡丹岭山脉,区内山势相对比较低缓,一般海拔在 600~850m 之间,属腐蚀低山区,谷底较平缓,多为沼泽湿地。

区内第四纪包括晚更新世Ⅱ级阶地砂砾石及亚黏土堆积和全新世河床、河漫滩、Ⅰ级阶地堆积,均属于冲积、洪积建造。

区内分布有大面积早侏罗世中细粒(或中粒)花岗闪长岩,东清一带的自然重砂、原岩重砂以及岩矿鉴定的资料证实,独居石作为副矿物呈分散状态赋存在东清岩体中细粒花岗闪长岩中,在花岗伟晶岩、细晶岩中也含有独居石。

2. 区域成矿地质作用及有关的矿床种类、矿床类型

区域成矿地质作用:区内有冲积砂矿和残坡积砂矿两种类型。

(1)冲积砂矿:独居石砂矿主要赋存在冲积、洪积层中,上游富、下游逐渐贫化。

(2)残坡积砂矿:中细粒花岗闪长岩残坡积层中普遍含有独居石;含量不均,一般不低于 $30g/m^3$,个别达到以上。坡积层中普遍含有独居石,单样最高品位达 $1800g/m^3$,一般每立方米从几十克到几百克不等。工业要求为单矿层品位达 $200g/m^3$,混合砂矿层品位达 $300g/m^3$。

3. 构造控矿

区内发育沙松背近东西向韧性剪切带和珍珠门电站-朝阳屯北西向剪切带。

(1)沙松背近东西向韧性剪切带:区内长 10.5km,宽约 2km,该韧性剪切带中部和西侧均为糜棱岩带,花岗闪长岩中的长石有碎斑旋转及拖尾现象,石英呈拔丝状。

(2)珍珠门电站-朝阳屯北西向剪切带:区内长 19km,宽大于 2km,走向 300°,剪切叶埋产状 35°~40°。

区内的断裂构造主要有两个方向:北西向和北东向。其中,北西向断裂属于古洞河断裂带的一部分,以冲断层和压性断层为主;北东向断层多为逆断层,个别为扭性断层。解译断层和重力推断的断层亦呈北西向,与实测断层吻合程度较好。

4. 地层控矿

地层:志留系—泥盆系片岩、片麻岩呈孤岛状残存于东清沟以东及海沟以西大面积花岗岩中;下二叠统庙岭组—套浅海相碎屑沉积岩夹透镜状碳酸盐岩,上部柯岛组—开山屯组火山碎屑岩夹正常沉积岩，沿东西向东清花岗岩体及北西向混合岩化带南、北两侧出露，部分呈残留体零星出露于花岗岩中；中生界主要分布于万宝-西北岔、永庆-四岔子盆地，主要为火山-陆相碎屑岩夹含煤岩系。

5. 各类矿床的空间分布特征及各自的矿化分带性

独居石、磷钇矿等呈副矿物不均匀地分布在黑云斜长花岗岩、花岗伟晶岩及细晶岩中。部分靠近黑云斜长花岗岩的混合花岗岩中也有少量独居石。独居石、磷钇矿等主要矿物的赋存、富集规律有如下特征：

独居石在边缘相细—中粒黑云斜长花岗岩中含量较高。

黑云斜长花岗岩内，独居石含量较高处白云母化、钠长石化较发育。含独居石的黑云斜长花岗岩的岩石化学成分 Na_2O、K_2O、SiO_2、Al_2O_3 含量相对较高，贫 Fe、Mg。

独居石在细粒黑云斜长花岗岩中含量较高，在混合花岗岩中含量较少；磷钇矿在花岗细晶岩和混合花岗岩中含量较少。铁铝石榴子石多在花岗细晶岩中发育。

独居石、磷钇矿等矿物的富集受构造控制影响较大。

6. 各类矿床的识别标志及后期变化特征

预测工作区东清矿区独居石风化壳矿床的成因可划分为河流冲积和残坡积两种类型。

河流冲积砂矿按砂矿的形态又可划分为河谷砂矿和阶地砂矿两类：①河谷砂矿主要分布在东清沟、西清沟现代河谷中。现代河谷的主要地形为河漫滩，河漫滩两侧边缘常有坡积物或洪积物分布。

②阶地砂矿主要分布在东清沟河下游的Ⅱ级阶地上，由于规模小、分散，故不具有重要意义。残坡积矿床指东清矿区大部分低山残、坡积物中含有的独居石等有用矿物，按工业指标圈定出的 28 个矿体，其分布与黑云斜长花岗岩中的独居石含量及风化程度关系密切。

7. 区域成矿的宏观、中观及微观控矿因素和找矿标志

冲积河谷型砂矿的形成过程可以描述为：独居石、磷钇矿等有用矿物作为副矿物主要赋存在黑云母斜长花岗岩及其同源的伟晶岩、细晶岩中，长期风化作用的结果，使独居石等稳定矿物从花岗岩中不断游离出来，在重力及水流搬运作用下逐步转移至现代河谷沉积物中，形成矿床。

残坡积砂矿的形成过程可以描述为：黑云母斜长花岗岩风化和剥蚀作用形成残坡积层，层内富含独居石等稀土矿物，其来源主要为花岗岩中的独居石砂。

从矿区已知矿体的分布可以看出，河谷两侧、河谷转弯处、支沟出口或支沟与主沟汇合处构成矿床形成的空间；河谷沉积不同岩性层位独居石含量不同，砂砾石层的中上部为独居石赋存的主要层位；黑云母斜长花岗岩为独居石、磷钇矿等稀土矿物的载体。

预测工作区成矿模式见表 6-3-2 和图 6-3-1。

表 6-3-2　西北岔预测工作区成矿模式

名称	风化壳型稀土矿床
成矿的地质构造环境	天山-兴蒙-吉黑造山带（Ⅰ），包尔汉图-温都尔庙弧盆系（Ⅱ），清河-西保安-江域岩浆弧（Ⅲ）
控矿的各类及主要控矿因素	海西晚期黑云母斜长花岗岩及后期的花岗伟晶岩脉带来成矿物质，控制了稀土矿的成矿物质来源。东清沟、西清沟河及其支流所塑造的狭窄弯曲的河流谷地及两侧的侵蚀剥蚀低山地形是控矿的主要构造

续表 6-3-2

名称	风化壳型稀土矿床	
矿床的三度空间分布特征	产状	总体走向近南北
	形态	呈条带状
成矿期次	成矿早期：海西晚期侵入岩浆活动形成了富含稀土元素的东清黑云母斜长花岗岩体，构成了区域稀土矿床成矿的母岩； 表生成矿期：富含稀土元素的东清黑云母斜长花岗岩体在表生条件作用下逐步风化，富含稀土元素的重矿物独居石、磷钇矿等被剥蚀带入河流富集形成沉积砂矿，部分原地形成残坡积砂矿	
成矿时代	第四纪	
矿床成因	风化沉积型	
成矿机制	海西晚期侵入岩浆活动形成了富含稀土元素的东清黑云母斜长花岗岩体，构成了区域稀土矿床成矿的母岩。在表生条件作用下逐步风化，富含稀土元素的重矿物独居石、磷钇矿等被剥蚀带入河流富集形成沉积砂矿，部分原地形成残坡积砂矿	

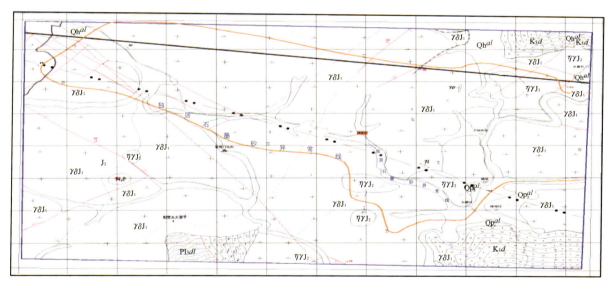

图 6-3-1　西北岔预测工作区成矿要素图

第七章 重力、磁测、物探、化探、遥感、自然重砂调查应用

第一节 重 力

一、技术流程

根据预测工作区预测底图确定的范围,充分收集区域内的1∶20万重力资料,以及以往的相关资料,在此基础上开展预测工作区1∶5万重力相关图件编制,之后开展相关的数据解释,以满足预测工作对重力资料的需求。

二、资料应用情况

应用2008—2009年1∶100万、1∶20万重力资料及综合研究成果,充分收集应用预测工作区的密度参数、磁参数、电参数等物性资料。对预测工作区和典型矿床所在区域研究时,全部使用1∶20万重力资料。

三、数据处理

在预测工作区,编图全部使用全国项目办下发的吉林省1∶20万重力数据。重力数据已经按《区域重力调查技术规范》(DZ/T0082-2006)进行"五统一"改算。

布格重力异常数据处理采用中国地质调查局发展研究中心提供的RGIS2008重磁电数据处理软件,绘制图件采用MapGIS软件,按"全国矿产资源潜力评价"项目《重力资料应用技术要求》执行。

剩余重力异常数据处理采用中国地质调查局发展研究中心提供的RGIS重磁电数据处理软件,求取滑动平均窗口为14km×14km剩余重力异常,绘制图件采用MapGIS软件。

等值线绘制等项与布格重力异常图相同。

四、地质推断解释

预测工作区位于富尔河深大断裂带上,花岗岩大面积分布。海西期小蒲柴河中细粒黑云母花岗闪长岩、仁义顶子似斑状花岗闪长岩,沿北东向、北西向不连续分布。区内独居石砂矿赋存于东清岩体花岗闪长岩、花岗伟晶岩、细晶岩的风化砂中。

区内重力场为一带状东西向重力低,主要反映了花岗岩地区的重力场特征。仅在预测工作区南部出现局部重力高,主要反映了预测工作区南部的新太古代和新元古代变质岩。从梯度带弯曲情况分析,区内存在北西向、北东向和东西向3组断裂。东西向梯度带密集处分布的独居石砂矿,产于东西向梯度带的边部。

第二节 磁 测

一、技术流程

根据预测工作区预测底图确定的范围,充分收集区域内的1∶20万航磁资料,以及以往的相关资料,在此基础上开展预测工作区1∶5万航磁相关图件编制,之后开展相关的数据解释,以满足预测工作对航磁资料的需求。

二、资料应用情况

本次收集了19份1∶10万、1∶5万、1∶2.5万航空磁测成果报告,及1∶50万航磁图解释说明书等成果资料。根据中国地质调查局自然资源航空物探遥感中心提供的吉林省2km×2km航磁网格数据和1957—1994年间航空磁测1∶100万、1∶20万、1∶10万、1∶5万、1∶2.5万共计20个测区的航磁剖面数据,充分收集应用预测工作区的密度参数、磁参数、电参数等物性资料。预测工作区和典型矿床所在区域研究时,主要使用1∶5万资料,部分使用1∶10万、1∶20万航磁资料。

三、数据处理

在预测工作区,编图全部使用全国项目办下发的数据,采用RGIS和Surfer软件网格化功能完成数据处理。采用最小曲率法,网格化间距一般为1/4~1/2测线距,网格间距分别为150m×150m、250m×250m。然后应用RGIS软件位场数据转换处理,编制1∶5万航磁剖面平面图、航磁ΔT异常等值线平面图、航磁ΔT化极等值线平面图、航磁ΔT化极垂向一阶导数等值线平面图,航磁ΔT化极水平一阶导数(0°、45°、90°、135°方向),航磁ΔT化极上延不同高度处理图件。

四、磁异常分析

预测工作区位于富尔河-古洞河深大断裂带上,花岗岩大面积出露,岩性为海西期小蒲柴河花岗闪长岩体、二长花岗岩体、仁义顶子花岗闪长岩体以及燕山期东清花岗闪长岩体。在区域航磁图上,北部大蒲柴河—万宝镇一带,是一片近东西向分布的平稳负磁场,强度$-150\sim-100$nT,最低-200nT。负磁场与无磁性或弱磁性的花岗岩有关。正磁场出现在预测工作区南部,背景场在$50\sim100$nT之间,局部异常方向为北西向,受北西向构造控制,最高异常值$500\sim600$nT,可能与中性—基性脉岩有关。富尔河-古洞河深大断裂是区内重要控矿及导矿构造,沿断裂侵入的花岗岩类与铁、有色金属、稀土矿产有成因联系。区内稀土矿床处于磁场梯度带边部波动负磁场中。

五、磁法推断地质构造特征

1. 推断断裂

(1)F_1:珍珠门电站—柳树村一线,北西向沿线性梯度带展布,长26.5km。断裂两侧磁场明显不同,北侧为负磁场,南侧为正磁场,沿断裂分布有中性—基性脉岩及糜棱岩带。

(2)F_4:位于测区东部,沿北东向梯度带展布,北段延出测区,长9.5km。断裂两侧分布有闪长岩脉。

(3)F_5:位于测区中部,沿北西向梯度带及磁场低值带展布,长18.5km。断裂是与F_1平行的另一条断裂。

区内共推断7条断裂,其中北西向5条、北东向2条。

2. 岩浆岩

(1)小蒲柴河岩体(P_3-T_1)($X\gamma\delta$):在区内大面积分布,岩性为中—细粒黑云母花岗闪长岩,在岩体上磁场表现不同,测区北部为负磁场,南部为正磁场。

(2)仁义顶子岩体(P_3-T_1)($R\gamma\delta$):分布在大蒲柴河以南,岩性为似斑状花岗闪长岩,航磁为波动的负磁场。

(3)东清沟岩体($J_2D\gamma\delta$):主要在小西北岔—永富村一带,呈北东向、北西向不连续出露,岩性为二云母花岗闪长岩。

(4)小黄泥沟岩体($J_2X\eta\gamma$):主要在小西北岔—大蒲柴河一线,北西向不连续分布,岩性为中粒二长花岗岩。

以上岩体磁场主要为负,有局部正异常。

3. 变质岩地层

中元古界东方红岩组(Pt_2df):在区内南部有出露,岩性为片理化英安岩、流纹岩夹凝灰质砂岩。该变质岩处于高背景磁场中,局部异常最高值为1000nT,为四岔子铁矿异常。

第三节 化 探

一、技术流程

由于该区域仅有1:20万化探资料,所以用该数据进行处理,编制地区化学异常图,再将图件放大到1:5万。

二、资料应用情况

本次工作应用1:20万化探资料。

三、化探资料应用分析

应用1:20万化探数据圈出La异常5处。其中5号异常具有比较清晰的三级分带及明显的浓集中心,异常强度较高,峰值达到$78×10^{-6}$,是地壳丰度值的2倍(黎彤,1981),面积约$9km^2$。

四、化探异常特征

由于预测工作区范围向南呈开放式状态。得出异常的特征如下:

2号异常具有二级分带,中带强度亦较高,达到$70×10^{-6}$,面积$12km^2$。异常形态不规则,有北东向延伸的趋势。

其余异常只具外带,面积小,分布零散。

Y异常圈出3处,均以二级分带为主,峰值达到$31×10^{-6}$,统计面积分别为$1.8km^2$、$19km^2$、$7km^2$。形态不规则,2号异常有北西向延伸的趋势,3号异常则为北东向延伸。1号、2号异常因缺少数据,异常没有封闭。

Zr异常圈出3处。其中1号异常三级分带清晰,浓集中心明显,异常强度较高,峰值达到$420×10^{-6}$。面积约$15km^2$,呈不规则状,北西向延伸。由于缺少数据,异常没有封闭。

2号、3号异常只具有二级分带,异常规模小,统计面积分别为$1km^2$和$6km^2$,中带峰值达到$342×10^{-6}$,呈不规则状,轴向延伸难以判断。2号异常同样由于缺少数据,而没有封闭。

Th异常圈出6处。其中3号异常有三级分带和一处浓集中心,异常强度高,峰值达到$17×10^{-6}$,相当于地壳丰度值的3倍(黎彤,1981)。面积$10km^2$,呈不规则状分布,具北西向延伸的趋势。由于缺少数据,异常显示不完整。

3号、4号异常具有二级分带,面积分别为$5km^2$和$8km^2$。3号异常呈椭圆状,4号异常由于缺少数据,异常没有封闭。

Nb 异常圈出 2 处，均为二级分带，中带峰值达到 20×10^{-6}，接近地壳丰度值。其中，1 号异常面积约为 $27km^2$，呈带状分布，北东向延伸。2 号异常面积 $5km^2$，由于缺少数据，异常没有封闭。

工作区组合异常有一种表现形式：La-Y-Zr-Th-Nb。

以 La 为代表的组合异常以 2 号最好，即与 La 空间套合紧密的元素有 Y、Zr、Nb，Th 主要伴生在 La 的外带范围，具有较复杂元素组分富集的特点。

3 号、4 号组合异常显示简单的元素组分，有 Th、Y 或 Nb 与 La 存在一定的空间套合关系；5 号组合异常只有 Zr 与 La 有局部套合关系。

综合异常共圈出 4 处，甲级 1 处（1 号），乙级 1 处（4 号），丙级 2 处（2 号、3 号）。

1 号甲级综合异常落位在珍珠门电站，由 2 号 La 组合异常构成，面积 $11km^2$，呈北东向展布。地质背景主要为燕山期的花岗闪长岩、二长花岗岩，北西向的压扭性断裂横贯其中。异常的东部分布有东清独居石砂矿，具有较好的成矿地质条件和找矿前景，是重要的找矿靶区。

4 号乙级综合异常落位在区内的柳树村西南部，由 5 号组合异常构成，面积 $11km^2$。地质背景主要为燕山期的花岗闪长岩、二长花岗岩，是有望的找矿靶区。

五、地球化学找矿模式

(1) 具有亲石、稀有、稀土元素同生地球化学场特征，属于中低山森林景观区。

(2) 主成矿元素 La 具有清晰的三级分带和明显的浓集中心，异常强度较高，峰值达到 78×10^{-6}，是直接找矿标志。

(3) La 组合异常组分复杂，形成复杂元素组分的叠生地球化学场，是成矿的主要场所。

(4) La 综合异常具备优良的成矿条件及找矿前景，是重要的找矿靶区。

(5) 主要的找矿指示元素为 La、Y、Zr、Th、Nb。其中 La、Y、Zr 是近矿指示元素，Th、Nb 是远程找矿指示元素。

第四节 遥 感

一、技术流程

利用 MapGIS 将 *.Geotiff 图像转换为 *.msi 格式图像，再通过投影变换，将其转换为 1∶5 万比例尺的 *.msi 图像。

利用 1∶5 万比例尺的 *.msi 图像作为基础图层，添加该区的地理信息及辅助信息，生成西北岔地区风化壳型稀土矿 1∶5 万遥感影像图。

利用 Erdas Imagine 遥感图像处理软件将处理后的吉林省东部 ETM 遥感影像镶嵌图输出为 *.Geotiff 格式图像，再通过 MapGIS 软件将其转换为 *.msi 格式图像。

在 MapGIS 支持下，调入吉林省东部 *.msi 格式图像，在 1∶25 万精度的遥感矿产地质特征解译基础上，对吉林省各矿产预测类型分布区进行空间精度为 1∶5 万的矿产地质特征与近矿找矿标志解译。

利用 B1、B4、B5、B7 四个波段对应的准归一化校正数据或无损失拉伸数据进行主成分分析，第四主成分存储于 14 通道中，对其分三级进行异常切割。一般情况一级异常 K_σ 取 3.0，二级异常 K_σ 取 2.5，三级异常 K_σ 取 2.0，个别情况 K_σ 值略有变动。经过分级处理的 3 个级别的铁染异常分别存储于 16、17、18 通道中。

利用 B1、B3、B4、B5 四个波段对应的准归一化校正数据或无损失拉伸数据进行主成分分析，第四主成分存储于 15 通道中，对其分三级进行异常切割。一般情况一级异常 K_σ 取 2.5，二级异常 K_σ 取 2.0，三级异常 K_σ 取 1.5，个别情况 K_σ 值略有变动。经过分级处理的 3 个级别的铁染异常分别存储于 19、20、21 通道中。

二、资料应用情况

利用全国项目办提供的 1999 年 9 月 2 日接收的 116/30 景 ETM 数据经计算机录入、融合、校正形成的遥感图像。利用全国项目办提供的吉林省 1：25 万地理底图提取制图所需的地理部分。参考吉林省区域地质调查所编制的《吉林省 1：25 万地质图》和《吉林省区域地质志》。

三、遥感地质特征

吉林省西北岔地区风化壳型稀土矿预测工作区遥感矿产地质特征与近矿找矿标志解译图，共解译线要素 37 条（即遥感断层要素 37 条）、环要素 6 个，最小预测区 2 个。

1. 线要素解译

预测区内线要素为遥感断层要素。

在遥感断层要素解译中按断裂的规模、切割深度、断裂对地质体的控制程度，结合已知的地质资料，依次划分为中型和小型两类。

1）中型断裂

本预测工作区内解译出 1 条中型断裂带，为丰满-崇善断裂带，走向北西，由吉林丰满向东南经横道子切过敦密断裂带并进入台区，再经崇善后进入朝鲜。断裂带切割由二叠系组成的北东向褶皱及中、新生代地层，沿断裂带有第四纪玄武岩溢出。该断裂带是重要的稀土等矿产的容矿构造。

2）小型断裂

本预测工作区内的小型断裂比较发育，并且以北东向和北西向为主，北东东向次之，局部见近南北向和北北西向小型断裂，其中的北西向及北东向小型断裂多为逆断层，形成时间明显早于北西向断裂。其他方向的小型断裂多为正断层，形成时间较晚，多错断其他方向的断裂构造。不同方向小型断裂的交会部位，是重要的稀土等成矿区。

2. 环要素解译

本预测工作区内的环形构造比较发育，共圈出 6 个环形构造。它们在空间分布上有明显的规律，主要分布在不同方向断裂交会部位，按成因类型分为 2 类。其中，与隐伏岩体有关的环形构造 3 个，由古生代花岗岩类引起的环形构造 3 个。区内的矿点多分布于环形构造内部或边部。

四、遥感异常提取

预测工作区东部遥感浅色色调异常区,羟基异常集中分布,与矿化有关。北部大川-江源断裂带和与隐伏矿体有关的环形构造交会处,羟基异常比较集中。

预测工作区北部遥感浅色色调异常区,铁染异常集中分布,与矿化有关。

第五节 自然重砂

一、技术流程

按照自然重砂基本工作流程,在矿物选取和重砂数据准备完善的前提下,根据《重砂资料应用技术要求》,应用吉林省1:20万重砂数据,制作吉林省自然重砂工作程度图,自然重砂采样点位图,以选定的20种自然重砂矿物为对象,相应制作重砂矿物分级图、有无图、等量线图、八卦图,并在这些基础图件的基础上,结合汇水盆地圈定自然重砂异常图、自然重砂组合异常图,并进行异常信息的处理。

预测工作区重砂异常图的制作仍然以吉林省1:20万重砂数据为基础数据源,以预测工作区为单位制作图框,截取1:20万重砂数据制作单矿物含量分级图。在单矿物含量分级图的基础上,依据单矿物的异常下限绘制预测工作区重砂异常图。

预测工作区矿物组合异常图是在预测工作区单矿物异常图的基础上,以预测工作区内存在的典型矿床或矿点所涉及到的重砂矿物选择矿物组合,将预测工作区单矿物异常空间套合较好的部分以人工方法进行圈定,制作预测工作区矿物组合异常图。

二、资料应用情况

预测工作区自然重砂基础数据,主要源于全国1:20万的自然重砂数据库。本次工作对吉林省1:20万自然重砂数据库的重砂矿物数据进行了核实、检查、修正、补充和完善,重点针对参与重砂异常计算的字段值,包括重砂总重量、缩分后重量、磁性部分重量、电磁性部分重量、重部分重量、轻部分重量、矿物鉴定结果进行核实检查,并根据实际资料进行修整和补充完善。数据评定结果质量优良,数据可靠。

三、自然重砂异常及特征分析

西北岔78号综合异常由独居石、磷钇矿、自然金的单矿物异常在空间中叠加而成,面积为89.49 km^2,评定为甲级综合异常。

安图东清独居石砂矿分布在78号综合异常内,显示该综合异常的矿致性质。而成矿的主要矿物——独居石、磷钇矿,其重砂异常面积很大,分别达到 986.5km² 和 834.23km²,表明东清独居石砂矿亦具有一定的成矿规模。

总结构成 78 号综合异常的各种重砂矿物异常参数,见表 7-5-1。

表 7-5-1　西北岔 78 号综合异常重砂矿物参数表　　　　　　单位:×10⁻⁶

矿物	异常下限	最大值	最小值	异常均值	异常点数	异常面积/km²	平均衬值	规模	相对规模
独居石	80	2090	80	1 111.09	65	986.59	13.89	13 703.73	29.95%
磷钇矿	1	85	1	38.41	63	834.23	38.41	32 042.77	70.02%

独居石、磷钇矿是成矿的主体,大规模磷钇矿异常的出现为独居石砂矿的形成起到重要的辅助作用。

综上所述,独居石、磷钇矿、金是该区寻找独居石砂矿的主要重砂标志。区内广泛分布的寒武纪花岗闪长岩,为独居石砂矿的形成提供了优良的物质基础,应注意其他汇水盆地独居石、磷钇矿重砂异常的分布特征。

安图东清独居石砂矿主要由残坡积砂矿构成,其次是河谷冲积形成。主成矿矿物为独居石,综合利用矿物为磷钇矿。应用 1∶20 万自然重砂测量数据在矿区周围分别圈定上述 3 种矿物的重砂异常,其中,独居石异常面积近 987km²,评定为 I 级;磷钇矿异常面积为 145.87km²,评定为 I 级。独居石和磷钇矿重砂异常,矿物含量分级较高,异常规模较大,显示出良好的稀土矿找矿前景。

第八章 矿产预测

第一节 矿产预测方法类型及预测模型区选择

根据吉林省稀土矿成因类型及稀土矿资源主要特征,预测方法类型为风化壳型。

编图的重点突出中—中粗粒似斑状黑云母斜长花岗岩及二长花岗岩分布区内的第四纪冲洪积物及残坡积物,突出矿化标志。

模型区选择东清独居石砂矿所在的最小预测区。

第二节 矿产预测模型与预测要素图编制

一、典型矿床预测模型

典型矿床预测模型见表8-2-1,预测模式见图8-2-1。

表 8-2-1 安图县东清独居石砂矿床预测模型表

预测要素		内容描述	预测要素类别
地质条件	岩石类型	淤泥质黏土、亚砂土,或称沼泽土、腐殖土,砂砾石,黑云母斜长花岗岩,伟晶岩	必要
	成矿时代	第四纪	必要
	成矿环境	天山-兴蒙-吉黑造山带(Ⅰ),包尔汉图-温都尔庙弧盆系(Ⅱ),清河-西保安-江域岩浆弧(Ⅲ)	必要
	构造背景	东清沟、西清沟河及其支流狭窄弯曲的河流谷地及两侧的侵蚀剥蚀低山地形	重要
矿床特征	控矿条件	海西晚期黑云母斜长花岗岩及后期的花岗伟晶岩脉,带来成矿物质,控制了稀土矿的成矿物质来源。东清沟、西清沟河及其支流所塑造的狭窄弯曲的河流谷地及两侧的侵蚀剥蚀低山地形是控矿的主要构造	必要

续表 8-2-1

预测要素		内容描述	预测要素类别
矿床特征	矿化特征	河谷砂矿主要分布于东清沟、西清沟现代河谷中,现代河谷的主要地形为河漫滩,河漫滩两侧边缘常有坡积物或洪积物覆盖。Ⅰ级阶地仅在下游断续出现。独居石等有用重矿物主要赋存于河漫滩沉积物中,其次在Ⅰ级阶地坡洪积物及现代河床冲积物中也都有一定含量。 阶地砂矿主要分布于东清沟河下游Ⅱ级阶地上,由于规模小、分散而不具重要意义。 残坡积砂矿:东清矿区大部分低山残、坡积物中含有独居石等有用矿物,按工业指标可圈定出大小28个矿体,其分布与黑云母斜长花岗岩中独居石的含量及风化程度有密切关系	重要
综合信息	地球化学	具有亲石、稀有、稀土元素同生地球化学场特征,属于中低山森林景观区。主成矿元素 La 具有清晰的三级分带和明显的浓集中心,异常强度较高,峰值达到 78×10^{-6},是直接找矿标志。La 组合异常组分复杂,形成复杂元素组分的叠生地球化学场,是成矿的主要场所。La 综合异常具备优良的成矿条件及找矿前景,是重要的找矿靶区。主要的找矿指示元素组合为 La-Y-Zr-Th-Nb,其中 La、Y、Zr 是近矿指示元素,Th、Nb 是远程找矿指示元素	重要
	地球物理	在1:25万布格重力等值图上,矿床处于槽台接触带上,总体呈东西向带状重力低异常区中部最窄处,其南侧为南部重力高异常边部梯度带向北凸起的弧形的顶部。重力低异常与重力高异常区之间梯度带陡且宽,长度大,反映出区域性深大断裂特征。重力高异常带为古老基底分布区,重力低异常带为花岗闪长岩分布区。 在1:5万航磁异常图上,矿床位于北西西向条带状负磁异常区北东边部梯度带的外侧梯度变缓并发生北东向错动处。条带状负磁异常区出露有大面积花岗闪长岩	重要
	重砂	安图东清独居石砂矿主要由残坡积砂矿构成,其次是河谷冲积形成。主成矿矿物为独居石,综合利用矿物为磷钇矿。应用1:20万自然重砂测量数据在矿区周围分别圈定上述2种矿物的重砂异常,其中,独居石异常面积近 $987km^2$,评定为Ⅰ级;磷钇矿异常面积为 $145.87km^2$,评定为Ⅰ级。独居石和磷钇矿重砂异常,矿物含量分级较高,异常规模较大,显示出良好的稀土矿找矿前景	重要
找矿标志		海西晚期黑云母斜长花岗岩及后期的花岗伟晶岩脉出露区,东清沟、西清沟河及其支流狭窄弯曲的河流谷地及两侧的侵蚀剥蚀低山	重要

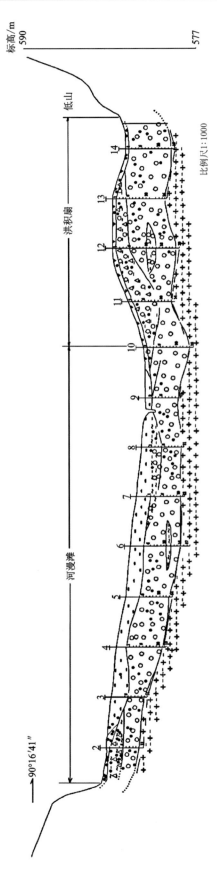

图 8-2-1 安图县东清独居石砂矿床预测模式图

二、模型区深部及外围资源潜力预测分析

1. 典型矿床已查明资源储量及其估算参数

（1）查明资源储量：东清独居石砂矿床所在区域，以往工程控制实际查明的并且已经在储量登记表中上表的全部资源储量为独居石2174.98t，磷钇矿67.31t。

（2）面积：东清独居石砂矿床所在区域经1∶1万地质填图确定的勘探评价区，并经山地工程验证的矿体、矿带聚集区段第四纪冲洪积平均面积4 714 491.32m²，残坡积平均面积10 380 094.76m²。

（3）面含矿系数：通过公式（面含矿系数=查明资源储量/面积）计算得出东清独居石砂矿床面含矿率为0.000 209 534t/m²，磷钇矿面含矿率为0.000 006 484 53t/m²（表8-2-2）。

表8-2-2 风化壳型西北岔预测工作区典型矿床查明资源储量表

编号	名称	查明资源储量/t	面积/km²	品位	面含矿系数/(t·m⁻²)
A2214101002	东清独居石砂矿	独居石 2 174.98	10 380 094.76	226.42	0.000 209 534
A2214101005		磷钇矿 67.31	10 380 094.76	7.01	0.000 006 484 53

2. 模型区预测资源量及估算参数确定

模型区：西北岔稀土矿典型矿床所在的最小预测区。
模型区预测资源量：西北岔典型矿床探明资源量。
面积：西北岔典型矿床分布区。
西北岔典型矿床含矿建造：东清岩体，岩性为中—中粗粒似斑状黑云母斜长花岗岩及二长花岗岩。
含矿地质体面积参数：为含矿地质体面积/模型区面积（表8-2-3）。

表8-2-3 模型区预测资源量及其估算参数

编号	名称	模型区预测资源量/t	模型区面积/km²	含矿地质体面积/km²	含矿地质体面积参数
A2214101002	XBCA1	2 174.98	10 380 094.76	10 380 094.76	1
A2214101005	XBCA1	67.31	10 380 094.76	10 380 094.76	1

三、预测工作区预测模型

对安图县东清独居石砂矿建立工作区预测模型，如表8-2-4和图8-2-2。

表 8-2-4　西北岔预测工作区预测模型

成矿要素		内容描述	类别
特征描述		河流冲积及残坡积砂矿	
岩石类型		淤泥质黏土、亚砂土,或称沼泽土、腐殖土,砂砾石,黑云母斜长花岗岩,伟晶岩	必要
成矿时代		第四纪	必要
成矿环境		天山-兴蒙-吉黑造山带（Ⅰ）,包尔汉图-温都尔庙弧盆系（Ⅱ）,清河-西保安-江域岩浆弧（Ⅲ）	必要
构造背景		东清沟、西清沟河及其支流狭窄弯曲的河流谷地及两侧的侵蚀剥蚀低山地形	重要
控矿条件		海西晚期黑云母斜长花岗岩及后期的花岗伟晶岩脉带来成矿物质,控制了稀土矿的成矿物质来源。东清沟、西清沟河及其支流所塑造的狭窄弯曲的河流谷地及两侧的侵蚀剥蚀低山地形是控矿的主要构造	必要
综合信息	地球化学	具有亲石、稀有、稀土元素同生地球化学场特征,属于中低山森林景观区。主成矿元素 La 具有清晰的三级分带和明显的浓集中心,异常强度较高,峰值达到 78×10^{-6},是直接找矿标志 La 组合异常组分复杂,形成复杂元素组分的叠生地球化学场,是成矿的主要场所。La 综合异常具备优良的成矿条件及找矿前景,是重要的找矿靶区。主要的找矿指示元素组合为 La-Y-Zr-Th-Nb,其中 La、Y、Zr 是近矿指示元素,Th、Nb 是远程找矿指示元素	重要
	地球物理	在 1:25 万布格重力等值图上,矿床处于槽台接触带上,总体呈东西向带状重力低异常区中部最窄处,其南侧为南部重力高异常边部梯度带向北凸起的弧形的顶部。重力低异常区与重力高异常区之间梯度带陡且宽,长度大,反映出区域性深大断裂特征。重力高异常带为古老基底分布区,重力低异常带为花岗闪长岩分布区。在 1:5 万航磁异常图上,矿床位于北西西向条带状负磁异常区北东边部梯度带的外侧梯度变缓并发生北东向错动处。条带状负磁异常区出露有大面积花岗闪长岩	重要
	重砂	安图东清独居石砂矿主要由残坡积砂矿构成,其次是河谷冲积形成。主成矿矿物为独居石,综合利用矿物为磷钇矿。应用 1:20 万自然重砂测量数据在矿区周围分别圈定上述 2 种矿物的重砂异常,其中,独居石异常面积近 $987km^2$,评定为Ⅰ级;磷钇矿异常面积为 $145.87km^2$,评定为Ⅰ级。独居石和磷钇矿重砂异常,矿物含量分级较高,异常规模较大,显示出良好的稀土矿找矿前景	重要
找矿标志		海西晚期黑云母斜长花岗岩及后期的花岗伟晶岩脉出露区,东清沟、西清沟河及其支流狭窄弯曲的河流谷地及两侧的侵蚀剥蚀低山	重要

从平面图 8-2-2 反映出化探及重砂方法对稀土矿找矿无明显作用。

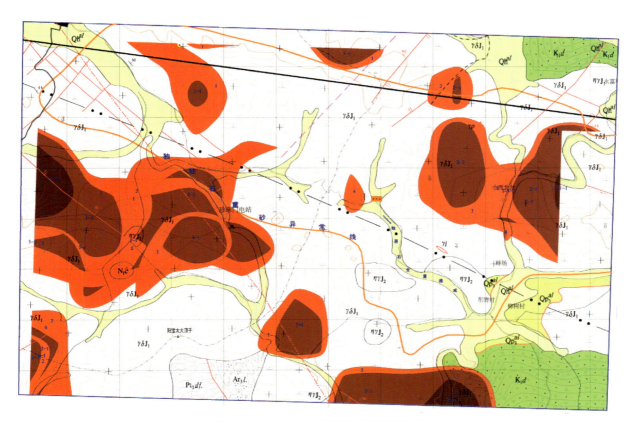

图 8-2-2　西北岔预测工作区预测要素图

四、预测要素图编制

预测底图编制方法：在 1∶5 万成矿要素图的基础上，细化找矿标志，形成预测要素图。

第三节　预测工作区圈定

一、预测工作区圈定方法及原则

预测工作区的圈定采用综合信息地质法，圈定原则为与预测工作区内的模型区类比，具有相同的含矿建造，圈定为初步的最小预测区。最后专家对初步确定的最小预测区进行确认。

二、圈定预测工作区操作细则

在突出表达含矿建造、矿化蚀变标志的 1∶5 万成矿要素图的基础上，以含矿建造为主要预测要素和定位变量,最后由地质专家确认修改,形成最小预测区。

第四节 预测工作区优选

一、预测要素应用及变量确定

模型区提供的预测变量只有矿产地和含矿建造2个变量,其他单元用到的预测变量也只有矿产地和含矿建造或者是稀土元素化学异常及含矿建造。其他统计单元与模型单元的变量数一样,但有的内容不同,如果只是简单地使用特征分析法和神经网络法,采用公式进行计算求得成矿有利度,根据有利度对单元进行优选,势必脱离实际。因为统计单元成矿概率是相同的,都是1,无法真实反映成矿有利度。

本次预测工作区的优选充分考虑典型矿床预测要素少的实际情况及成矿规律,采取优选方法和标准如下:

A类预测工作区:同时含有矿床及含矿建造的预测单元;B类预测工作区:同时含有矿(化)点及含矿建造的预测单元。

二、预测工作区评述

西北岔预测工作区含矿建造(东清岩体)分布较广泛,稀土异常与含矿建造吻合程度较好。本次共圈定最小预测区A类2个、B类4个。安图东清独居石砂矿主要由残坡积砂矿构成,其次是河谷冲积形成。主成矿矿物为独居石,综合利用矿物为磷钇矿。应用1:20万自然重砂测量数据在矿区周围分别圈定上述2种矿物的重砂异常,评定为Ⅰ级。磷钇矿异常面积为145.87km^2,评定为Ⅰ级。独居石和磷钇矿重砂异常,矿物含量分级较高,异常规模较大,显示出良好的稀土矿找矿前景。

第五节 资源量定量估算

一、地质体积参数法资源量估算

1. 模型区含矿系数确定

风化壳型西北岔预测工作区模型区XBC1的含矿地质体含矿系数确定公式:

含矿地质体含矿系数=模型区XBC1资源总量/含矿地质体总面积

计算得出模型区XBC1的含矿地质体面含矿系数为:独居石面含矿率为0.000 209 534t/m^2,磷钇矿面含矿率为0.000 006 484 53t/m^2(表8-4-1)。

表 8-4-1 风化壳型西北岔预测工作区模型区含矿地质体含矿系数表

模型区编号	模型区名称	面含矿系数/(t·m^{-2})	资源总量/t	总面积/km^2
A2214101002	XBCA1	0.000 209 534	2 174.98	10 380 094.76
A2214101005	XBCA1	0.000 006 484 53	67.31	10 380 094.76

2. 最小预测区预测估算参数及资源量

1）估算方法

应用含矿地质体预测资源量公式：

$$Z_{预} = S_{预} \times K \times \alpha$$

式中，$Z_{预}$ 为最小预测区中含矿地质体预测资源量；$S_{预}$ 为含矿地质体面积；K 为模型区含矿地质体含矿系数；α 为相似系数。

2）估算结果

西北岔预测工作区内最小预测区 YxbcB1 为 $4.654~0 \times 10^4$ t（表 8-4-2、表 8-4-3）。

表 8-4-2 西北岔预测工作区最小预测区预测资源量（独居石）估算表

最小预测区编号	最小预测区名称	$S_{预}$	K	$Z_{预}$
B2214101003	YxbcB1	9 295 436.557	0.000 209 534	1 363.397 002
B2214101004	YxbcB2	2 565 558.148	0.000 209 534	376.300 162 7
B2214101006	YxbcB3	1 962 798.179	0.000 209 534	287.891 067 5
B2214101001	YxbcB4	8 973 393.221	0.000 209 534	1 316.161 683

表 8-4-3 西北岔预测工作区最小预测区预测资源量（磷钇矿）估算表

最小预测区编号	最小预测区名称	$S_{预}$	K	$Z_{预}$
B2214101003	YxbcB1	9 295 436.557	0.000 006 484 53	42.193 576 05
B2214101004	YxbcB2	2 565 558.148	0.000 006 484 53	11.645 507 14
B2214101006	YxbcB3	1 962 798.179	0.000 006 484 53	8.909 476 573
B2214101001	YxbcB4	8 973 393.221	0.000 006 484 53	40.731 766 28

3. 最小预测区资源量可信度估计

1）预测工作区预测资源量可信度确定原则

模型区深部探矿工程见矿最大深度以上的预测资源量，可信度大于 0.75。

预测区:对于含矿建造发育,有独居石重砂异常存在,但没有经深部工程验证的预测资源量,预测资源量可信度大于 0.75。

2)预测工作区预测资源量可信度统计分析

(1)可信度。西北岔预测工作区内各最小预测区与模型区具有相同的含矿建造,并为独居石重砂异常区,预测资源量可信度大于 0.75。

(2)预测资源量可信度统计分析。西北岔预测工作区预测资源量:独居石 3 343.75t,磷钇矿 103.48t。可信度估计概率全部大于 0.75(表 8-4-4)。

表 8-4-4　西北岔预测工作区预测资源量可信度统计表

预测工作区编号	预测工作区名称	预测矿种	≥0.75			≥0.5			≥0.25		
			334-1	334-2	334-3	334-1	334-2	334-3	334-1	334-2	334-3
2214101	西北岔	独居石		3 343.75t							
2214101		磷钇矿		103.48t							

第六节　预测区地质评价

预测区级别划分如下。

(1)最小预测区存在含矿建造,与已知模型区比较含矿建造相同,且存在矿床或矿点,并且最小预测区的圈定是在含矿建造出露区上圈定最小区域,最小预测区确定为 A 级。

(2)最小预测区存在含矿建造,与已知模型区比较含矿建造相同,且存在矿化体,并且最小预测区的圈定是在含矿建造出露区上圈定最小区域,最小预测区确定为 B 级。

(3)最小预测区存在含矿建造,与已知模型区比较含矿建造相同,最小预测区的圈定是在含矿建造出露区上圈定的最小区域,最小预测区确定为 C 级。

第九章 单矿种(组)成矿规律总结

第一节 成矿区(带)划分

吉林省稀土矿成矿区(带)划分如表 9-1-1 所示。

表 9-1-1 吉林省稀土矿成矿区(带)划分

Ⅰ	Ⅱ	Ⅲ	Ⅳ	Ⅴ
Ⅰ-4 滨太平洋成矿域	吉黑板块	Ⅲ-55-②延边金、铜、铅、锌、铁、镍、钨成矿亚带	Ⅳ-8 海沟金、铁、银成矿带	Ⅴ-24 海沟金、铁、银找矿远景区

第二节 示范区矿床成矿系列(亚系列)和区域成矿谱系

吉林省稀土矿成矿系列如表 9-1-2 所示。

表 9-1-2 吉林省稀土矿成矿系列划分

矿床成矿系列类型	矿床成矿系列	矿床成矿亚系列	矿床式	典型矿床(点)	成矿时代
Ⅲ兴凯南缘延边古生代—新生代金、铜、镍、钨、铅、锌、钼、银、锑、铁、铂矿床成矿系列类型	Ⅲ-2 延边地区与燕山期岩浆作用有关的金、铅、锌、钼、钨、铜、锑矿床成矿系列	Ⅲ-2-① 海沟地区与燕山期岩浆热液作用有关的金、稀土矿床成矿亚系列	海沟式	海沟金矿	143.95 Ma
				东清稀土矿	第四纪

第三节 区域成矿规律图编制

一、区域成矿规律

1. 成因类型

吉林省稀土矿成因类型主要为风化壳型砂矿,代表矿床为安图东清稀土矿床。

2. 成矿构造背景

风化壳型砂矿产出的大地构造背景位于天山-兴蒙-吉黑造山带(Ⅰ),包尔汉图-温都尔庙弧盆系(Ⅱ),清河-西保安-江域岩浆弧(Ⅲ)内。

3. 控矿因素

海西晚期黑云母斜长花岗岩及后期的花岗伟晶岩脉带来成矿物质,控制了稀土矿的成矿物质来源。东清沟、西清沟河及其支流所塑造的狭窄弯曲的河流谷地及两侧的侵蚀剥蚀低山地形是控矿的主要构造。

4. 成矿物质来源

海西晚期侵入岩浆活动形成了富含稀土元素的东清黑云母斜长花岗岩体,构成了区域稀土矿床成矿的母岩。在表生条件作用下逐步风化,富含稀土元素的重矿物独居石、磷钇矿等被剥蚀带入河流富集形成沉积砂矿,部分原地形成残坡积砂矿。

5. 成矿时代

风化壳型砂矿的成矿时代为第四纪。

第十章 结 论

一、主要成果

（1）本次采用地质体积法进行吉林省稀土矿资源量预测，根据全国项目办《预测资源量估算技术要求》以及《预测资源量估算技术要求》（2010年补充）通知要求开展工作。在全省1个主要稀土成矿区上，预测稀土资源量，包括独居石和磷钇矿。编制的《吉林省稀土矿预测资源量估算报告》为今后吉林省稀土矿找矿工作积累了宝贵的基础资料，也为圈定找矿靶区、扩大稀土找矿远景指明了方向。

（2）系统地收集了省域内的大比例尺资料，完成了对典型矿床的研究，为深入开展基础地质构造研究和矿产资源潜力评价建立了雄厚的基础。

（3）在成矿规律研究方面，从成矿控制因素和控矿条件分析入手，划分了吉林省稀土矿矿床成因类型，遴选了典型矿床，建立了综合找矿模型，为资源潜力评价建立各预测类型的预测准则奠定了基础。

（4）较详细地研究了吉林省内含矿地层成矿岩体，控矿构造与物探、化探、遥感、重砂的关系，建立了各成矿要素的预测模型，为划分成矿远景区（带）提供了依据。

（5）以含矿建造和矿床成因系列理论为指导，以综合信息为依据，划分了吉林省内Ⅲ～Ⅳ成矿远景预测区，并按矿种划分了Ⅲ级成矿预测远景区（带）的类型。稀土的成矿预测预测区6个，这个预测远景区，为全省矿产资源潜力远景评价提供了不可缺少的找矿依据。

二、本次预测工作需要说明的问题

（1）本次预测工作采用的典型矿床探明资源储量是引用原勘探地质报告的上表储量，同时结合原吉林省国土资源厅（现自然资源厅）编制的截至2008年底的《吉林省矿床资源储量统计简表》。尽管如此，仍有部分矿区因后期进一步开展工作所探明的资源储量因资料缺乏，无法进行统计，所以求得的典型矿床的体积含矿系数可能相应偏小，由此也造成模型区的含矿地质体的含矿系数偏小，预测的总资源量相对偏低。

（2）本次预测工作的全部技术流程完全是按照全国项目办的《稀土矿预测技术要求》和《预测资源量估算技术要求》（2010年补充）开展的，由此认为本次预测的技术含量较高，预测的资源量可靠。

三、存在问题及建议

开展稀土矿的资源量预测工作中,使用1∶5万建造构造图、矿产分布图和1∶5万地球化学异常图、综合异常图等资料的质量精度,直接影响最小预测区的圈定质量,也决定了资源量预测成果的成败。在圈定的1∶5万最小预测区的基础上再利用更大比例尺的地质矿产、综合物探、化探资料开展资源量预测,可进一步提高预测可靠性。

主要参考文献

陈尔臻,彭玉鲸,韩雪,等,2001.中国主要成矿区(带)研究(吉林省部分)[R].长春:吉林省地质调查院.

陈毓川,王登红,等,2010.重要矿产和区域成矿规律研究技术要求[M].北京:地质出版社.

陈毓川,王登红,等,2010.重要矿产预测类型划分方案[M].北京:地质出版社.

范正国,黄旭钊,熊胜青,等,2010.磁测资料应用技术要求[M].北京:地质出版社.

贺高品,叶慧文,1998.辽东—吉南地区中元古代变质地体的组成及主要特征[J].长春科技大学学报,28(2):152-162.

吉林省地质矿产局,1989.吉林省区域地质志[M].北京:地质出版社.

贾大成,1988.吉林中部地区古板块构造格局的探讨[J].吉林地质(3):58-63.

蒋国源,沈华悌,1980.辽吉地区太古宇的划分对比[J].沈阳地质矿产研究所分刊(1):12-18.

金伯禄,张希友,1994.长白山火山地质研究[M].延吉:东北朝鲜民族教育出版社.

金丕兴,1992.吉林东部山区贵金属及有色金属矿产成矿预测报告[R].长春:吉林省地质调查院.

李东津,万庆有,许良久,等,1997.吉林省岩石地层[M].武汉:中国地质大学出版社.

刘尔义,徐公榆,李云,等,1984.吉林省南部晚元古代地层[J].中国区域地质(8):33-50.

刘嘉麒,1989.论中国东北大陆裂谷系的形成与演化[J].地质科学(3):209-216.

刘茂强,米家榕,1981.吉林临江附近早侏罗世植物群及下伏火山岩地质时代讨论[J].长春地质学院学报(3):18-20.

卢秀全,1996.吉林省珲春市小西南岔矿区北山北延金铜矿普查地质报告[R].延吉:中国有色金属工业总公司吉林地质勘查局六O三队.

欧祥喜,马云国,2000.龙岗古陆南缘光华岩群地质特征及时代探讨[J].吉林地质,19(9):16-25.

彭玉鲸,苏养正,1997.吉林中部地区地质构造特征[J].中国地质科学院院报:沈阳地质矿产研究所所刊(5-6):335-376.

彭玉鲸,王友勤,刘国良,等,1982.吉林省及东北部临区的三叠系[J].吉林地质(3):5-23.

邵建波,范继璋,2004.吉南珍珠门组的解体与古—中元古界层序的重建[J].吉林大学学报(地球科学版),34(20):161-166.

陶南生,刘发,武世忠,等,1975.吉中地区石炭二叠纪地层[J].长春地质学院学报(1):31-61.

王东方,1992.中朝地台北侧大陆构造地质[M].北京:地震出版社.

王友勤,苏养正,刘尔义,等,1997.全国地层多重划分对比研究:东北区区域地层[M].武汉:中国地质大学出版社.

向运川,任天祥,牟绪赞,等,2010.化探资料应用技术要求[M].北京:地质出版社.

熊先孝,薛天兴,商朋强,等,2010.重要化工矿产资源潜力评价技术要求[M].北京:地质出版社.

殷长建,2003.吉林南部古—中元古代地层层序研究及沉积盆地再造[D].长春:吉林大学.

于学政,曾朝铭,燕云鹏,等,2010.遥感资料应用技术要求[M].北京:地质出版社.

苑清杨,武世忠,苑春光,等,1985.吉中地区中侏罗世火山岩地层的定量划分[J].吉林地质(2):72-76.

张秋生,李守义,1985.辽吉岩套:古元古界的一种特殊化优地槽相杂岩[J].长春地质学院学报,39(1):1-12.

赵冰仪,周晓东,2009.吉南地区古元古代地层层序及构造背景[J].世界地质,28(4):424-429.